Richtige Maschinenschmierung

Kraftmaschinen, Arbeitsmaschinen Transportwesen, Kraftfahrzeuge

Kurzer Wegweiser für die Praxis

von

Dipl.-Ing. E. W. Steinitz
Beratender Ingenieur in Berlin-Wannsee

Mit 46 Textabbildungen

Berlin
Verlag von Julius Springer
1932

Alle Rechte, insbesondere das der Übersetzung
in fremde Sprachen, vorbehalten.

ISBN-13: 978-3-642-98195-1   e-ISBN-13: 978-3-642-99006-9
DOI: 10.1007/978-3-642-99006-9
Softcover reprint of the hardcover 1st edition 1932

Vorwort.

Die letzten Jahre haben auf dem Gebiete der Schmierung und Schmiermittel Fortschritte der Theorie und Praxis gebracht, die auch in einer Reihe schon neu erschienener oder neu bearbeiteter Bücher ihren Ausdruck finden. Mit dem vorliegenden kleinen Buch glaube ich trotzdem etwas Neues zu bringen, da es mir vergönnt war, mit praktisch allen auf dem Markt befindlichen Schmiermitteln an den hauptsächlichsten Kraft- und Arbeitsmaschinen sowie in praktisch allen Industriezweigen eingehende Versuche anzustellen. Die Versuche wurden zum Teil in den Diensten zweier der bedeutendsten Schmieröl-Hersteller selbst, zum Teil während einer langjährigen beratenden Tätigkeit auf dem gleichen Gebiete vorgenommen. Es gibt an sich nur wenig Fachleute, die ähnliche Gelegenheiten zu Versuchen an Maschinen selbst und gleichzeitig zur Untersuchung der Schmiermittel sowie zur Verfolgung der entsprechenden Literatur haben, und diese wenigen Fachleute sind durch Angestelltenverhältnisse und andere Bindungen an der literarischen Auswertung ihrer Erfahrungen verhindert. Ich benutze die Gelegenheit, um den Ölfirmen sowie Maschinen- und Apparateherstellern, welche mich durch Hergabe von Bildern und anderem Material unterstützt haben, meinen Dank auszusprechen.

Wannsee, im März 1932.

Ernst W. Steinitz.

Inhaltsverzeichnis.

Seite

A. Bedeutung des Untersuchungsbefundes für die Bewertung der Schmieröle 1
   1. Spezifisches Gewicht 1
   2. Flammpunkt 2
   3. Stockpunkt 4
   4. Fettgehalt 5
   5. Asphaltgehalt 6
   6. Säuregehalt 7
   7. Teerzahl und Verteerungszahl 8
   8. Gehalt an Wasser und anderen Fremdkörpern 8
   9. Herkunft und Art der Herstellung 8
 10. Zähigkeit der Schmieröle 10
     a) Temperaturabhängigkeit der Zähflüssigkeit 11
     b) Auswahl der Öle nach der Zähigkeit 13
 11. Schmierfähigkeit 13
 12. Beständigkeit der Schmiermittel 17
 13. Graphit als Schmiermittel 18

B. Fettschmierung und Schmierfette 19
   1. Anwendungsgebiete der Fettschmierung 19
     a) Fettschmierung der Wälzlager 21
   2. Schmierfette und ihre Zusammensetzung 21
   3. Die Bewertung der Schmierfette 22

C. Schmiermitteltypen 24
   1. Schmieröle 24
   2. Schmierfette 27

D. Schmierungsbedingungen und Schmiermittelauswahl . 29
     a) Druck 30
     b) Temperatur 30
     c) Gleitgeschwindigkeit 30
     d) Material 30
     e) Bearbeitung 31
     f) Einfluß der Umgebung 32
     g) Lagerspiel 32
     h) Lagerlänge 32
     i) Art der Schmiervorrichtung 32

E. Die Schmierung der Kraftmaschinen 32
   1. Kolbendampfmaschine 32
     a) Zylinderschmierung 32
     b) Zuführung des Zylinderöles 34
        Schmierapparate — Wahl der Zylinderschmierstellen, Zylinderölverbrauch

Inhaltsverzeichnis. V

	Seite
c) Entnahme von Ölbildern	37
d) Bewertung von Ölbildern	38
e) Betriebsstörungen und Dampfzylinderschmierung	39
f) Besondere Dampfverhältnisse und Sonderschmiermittel	40
g) Beispiele aus der Praxis	41
h) Dampfmaschinentriebwerke	45
2. Der ortsfeste Verbrennungsmotor	48
a) Zylinderschmierung	48
b) Die Zuführung des Zylinderöles	49
(Schmierapparate — Hubtaktschmierung — Zylinderölverbrauch)	
c) Betriebsstörungen und Zylinderschmierung	51
(Ölauswahl — Rückstandsbildung)	
d) Verbrennungsmotorentriebwerke	53
(Verschiedene Schmierungssysteme, Druckumlaufschmierung — Verdichter der Dieselmotoren)	
e) Einige Sonderschmiermittel	55
3. Die Dampfturbine	56
a) Ölwechsel	60
Ölpflege	
b) Die Turbinengetriebe	61
c) Schmierungsstörungen an Dampfturbinen	62
4. Wasserturbinen	63
a) Radiallager	63
b) Achsiallager	64
c) Regler der Wasserturbinen	65
F. Organe der Energieübertragung	67
1. Normale Transmissionen und ihre Lager	67
a) Schmiervorrichtungen und Wartung der Transmissionslager	68
b) Transmissionslager unter besonderen Betriebsumständen	69
G. Der Verdichter	70
1. Kolbenverdichter	70
2. Umlaufverdichter	73
3. Triebwerke der Verdichter	73
4. Explosionsgefahr und Ölauswahl	74
H. Die Praxis der Maschinenschmierung in einzelnen Industriegruppen	75
1. Land- und Forstwirtschaft	75
a) Dampfpflüge und dergleichen	75
b) Motorpflüge, Zugmaschinen und Kraftlastwagen	76
c) Anhängegeräte aller Art	78
d) Ortsfeste landwirtschaftliche Maschinen	78
2. Industrie der Steine und Erden	79
a) Ziegeleien	81
b) Zementwerke	81
3. Bergbau und angeschlossene Betriebe	84
4. Metallgewinnung und Hüttenwesen. Walzwerke	89
5. Textilindustrie	93
a) Handhabung der Schmierung	96
b) Versuche mit verschiedenen Schmiermitteln	100

Inhaltsverzeichnis.

	Seite
6. Feinmechanik, Optik	101
7. Nahrungs- und Genußmittelindustrie	104
a) Zuckerindustrie	104
b) Andere Nahrungsmittelbetriebe	109
8. Papierfabrikation	110
9. Holzbearbeitung	116
10. Metallbearbeitung	119
11. Chemische Industrie	121
12. Transportwesen	124
a) Dampflokomotive	124
b) Elektrische Lokomotiven und Triebwagen	131
c) Anhängefahrzeuge	132
d) Kraftfahrzeuge mit Verbrennungsmotoren	134

(Schmierungsverhältnisse — Verdünnung und Schwärzung — Rückstandsbildung im Kurbelgehäuse — Rückstandsbildung im Verbrennungsraum — Überstarke Abnutzung, plötzliche Defekte — Ölverbrauch — Gefettete Öle, Obenschmierung, Graphit — Getriebeschmierung)

I. Zentral- und Umlaufschmierung	143
1. Kraftmaschinen	143
2. Arbeitsmaschinen	146
a) Metallbearbeitung	149
b) Holzbearbeitung	150
c) Textilindustrie	151
d) Papierindustrie	153
e) Druckereimaschinen	154
f) Heilmittelindustrie	155
J. Schmiervorrichtungen ohne zwangläufige Zentralschmierung	155
K. Sonderschmierapparate für leichte Arbeits- und Werkzeugmaschinen	161
L. Ölrückgewinnung, Aufarbeitung, Wiederverwendung	165
1. Dampfmaschinenzylinderöl	165
2. Triebwerksöl	167
3. Verbrennungsmotoren	167
4. Verdichter	168
5. Transformatoren- und Schalteröle	169
6. Kraftfahrzeugmotoren	170
7. Andere Kraftmaschinen, Arbeitsmaschinen und Transmissionen	170
8. Verschiedene Arten der Ölregenerierung	171
Sachverzeichnis	176

A. Bedeutung des Untersuchungsbefundes (Analysenzahlen) für die Bewertung der Schmieröle.

Über die Art, wie Schmiermitteluntersuchungen ausgeführt werden, gibt es ein großes Schrifttum. Für den Praktiker findet sich eine kurze Zusammenstellung in den „Richtlinien"[1]. Alle Einzelheiten über Schmiermitteluntersuchungen finden sich zunächst in dem kleineren Werke von Ascher[2], ferner ganz ausführlich in dem Buch von Holde[3] sowie Engler-Höfer[4]. Hier finden sich auch die ausführlichen Angaben über die Entstehung des Erdöles als der hauptsächlichsten Quelle der Schmiermittel sowie über die Verarbeitung des Erdöles und die Herstellung der Schmiermittel. Es kann aber gleich gesagt werden, daß viel Einzelheiten bei der Herstellung der Schmiermittel sich überhaupt nicht in der Literatur vorfinden, und daß die dargestellten Herstellungsmethoden sich von den in der Wirklichkeit ausgeübten Verfahren sehr stark unterscheiden.

1. Spezifisches Gewicht.

Das spezifische Gewicht ist allein kein Kennzeichen für die Güte eines Schmiermittels, und insbesondere ist ein geringes spezifisches Gewicht kein Kennzeichen für besondere Reinheit oder sorgfältige

---

[1] Richtlinien für den Einkauf und die Prüfung von Schmiermitteln, 5. Aufl. Düsseldorf: Verlag Stahleisen G. m. b. H. 1928. — Siehe auch: Die Prüfung der Schmiermittel. Deutscher Verband für die Materialprüfungen der Technik Nr 80, Bericht des Ausschusses 9, S. 14. Berlin: Beuthverlag G. m. b. H.
[2] Ascher, R.: Die Schmiermittel und ihre Verwendung. Berlin: Julius Springer.
[3] Holde, D.: Kohlenwasserstoffe, Öle und Fette. Berlin: Julius Springer 1924.
[4] Engler u. Höfer: Das Erdöl Bd. 6. Leipzig: S. Hirzel.

Herstellungsmethoden. Dagegen ist das spezifische Gewicht ein Hinweis auf die Herkunft und damit allerdings mitunter auch für den Wert. Rein pennsylvanische Öle kennzeichnen sich beispielsweise durch ein spezifisches Gewicht von unter 0,900. Nur die pennsylvanischen Zylinderöle reichen mit dem spezifischen Gewicht bis an 0,900 heran. Diese Öle wären dann nur nach dem spezifischen Gewicht bereits als sehr hochwertig zu erkennen. Vor allen Dingen gilt dies für Heißdampfzylinderöle. Für andere Zwecke sind aber beispielsweise reine russische Bakuöle mit einem spezifischen Gewicht von bis zu 0,925 vollkommen gleichwertig. In jüngster Zeit gelingt es nach dem Edeleanu-Verfahren, welches vom Shell-Konzern im größten Maßstabe angewendet wird, zunächst Transformatorenöle und Dampfturbinenöle durch Raffination mit schwefliger Säure[1] anstatt wie sonst mit Schwefelsäure ohne Rücksicht auf die Art des Rohöles herzustellen, welche den besten pennsylvanischen oder russischen Ölen gleichwertig und in mancher Beziehung vielleicht sogar überlegen sind. Diese Öle haben den Rohölen gegenüber, aus denen sie hergestellt sind, allerdings ein sehr geringes spezifisches Gewicht, da die asphaltartigen Substanzen und asphaltbildenden Substanzen entfernt sind, jedoch ist das spezifische Gewicht nicht so niedrig, daß man die Güte der Fabrikate daran erkennen könnte.

2. Flammpunkt.

Es ist dies die Temperatur, bei der sich bei langsamer Erhitzung die ersten brennbaren Gase aus dem Öl bilden. Im Gegensatz hierzu steht der Brennpunkt als die Temperatur, bei der die Gase dann von selbst weiter brennen. Dem Flammpunkt wird von vielen Schmiermittelverbrauchern eine übertriebene Bedeutung beigelegt. Bei Heißdampfzylinderölen z. B. ist nicht ohne weiteres dasjenige mit dem höheren Flammpunkt das beste. Es ist nämlich überhaupt nicht möglich, Zylinderöle herzustellen, bei denen der Flammpunkt etwa gleich der Eintrittstemperatur des Dampfes von moderen Dampfmaschinen (s. diese) ist. Dies ist auch gar nicht notwendig, da die Praxis zeigt, daß bei richtiger Auswahl das Öl einen Flammpunkt haben kann, der bis zu 60° niedriger liegt als die Dampftemperatur. Der hohe Druck verhindert die Bildung von Gasen aus dem Öl sehr stark und bei der Abwesenheit von Sauerstoff ist ja auch eine Entzündung des Öles gar nicht

---

[1] Plank, R.: Die Raffination des Petroleums nach dem Edeleanu-Verfahren. Karlsruhe. Z. VDI 1928 Nr 45 S. 1613.

möglich. Dies wird deswegen hervorgehoben, weil vielfach angenommen wird, daß das Öl im Dampfzylinder eine Art „Verbrennung" durchmacht. Öle mit einem sehr hohen Flammpunkt enthalten oft zu viel Asphalt, und es ist deswegen der Flammpunkt immer in Verbindung mit den andern Eigenschaften in Betracht zu ziehen. Sehr hoher Flammpunkt eines Dampfzylinderöles in Verbindung mit niedrigem spezifischem Gewicht und niedrigem Asphaltgehalt gibt einen Hinweis auf hohe Qualität.

Besondere Unklarheit herrscht noch an vielen Stellen über die Bedeutung des Flammpunktes bei Verbrennungsmotorenölen (s. diese). Da das Öl beim Verbrennungsmotor an Stellen großer Hitze verwendet wird, nehmen auch viele Motorenfachleute noch an, dasjenige sei das zweckmäßigste, welches den höchsten Flammpunkt zeige. Dies ist ein Irrtum. Kein Öl kann den im Verbrennungsraum eines Motors herrschenden Temperaturen widerstehen, und es müssen alle Öle hier verdampfen bzw. verbrennen. Die Forderung besteht nun, daß diese Verbrennung möglichst rückstandsfrei vor sich gehen soll, und es hat sich gezeigt, daß gerade die Öle mit hohem Flammpunkt leichter zu Rückstandsbildungen im Verbrennungsraum und an den Kolben neigen. Der Flammpunkt muß nur so hoch liegen, daß in der Schmierölumlaufleitung eines Verbrennungsmotors, wo die höchsten Temperaturen an einzelnen Stellen bis auf etwa 150^0 heraufgehen, keine wesentliche Verdampfung oder Veränderung auftritt.

Eine ähnliche Überbewertung des Flammpunktes findet sich immer noch bei Ölen für Verdichterzylinder (s. diese). Man nimmt insbesondere noch bei sog. Hochdruck- und Höchstdruckverdichtern, d. h. solchen für Drücke zwischen 60 und 2000 at an, daß hier bei zu niedrigem Flammpunkt des Öles eine Explosionsgefahr vorhanden ist, und daß für diesen Fall ebenfalls unter sonst gleichen Umständen hochentflammbare Öle die zweckmäßigsten sind. Es ist aber zu bemerken, daß alle Kompressorenöle bezüglich des Flammpunktes überreichliche Sicherheit bieten, und daß sich die hochentflammbaren Öle hier nicht als überlegen gezeigt haben. Die Überlegenheit beruht auf anderen Eigenschaften, auf die noch eingegangen wird. Es ist sicher, daß die Flammpunktsbestimmung in Kürze für die Bewertung der Schmiermittel überhaupt ausscheiden wird, und daß man in der einen oder anderen Form zur Bestimmung einer Kennlinie nach dem Siedeverhalten der Öle zurückkehren wird, wie es bereits vor vielen Jahren von Engler begonnen wurde.

3. Stockpunkt.

Die Methoden zur Ermittlung dieses Punktes sind noch ziemlich ungenau und es steht fest, daß man aus den besten Speziallaboratorien recht verschiedene Werte für dasselbe Öl erhält. Der Stockpunkt ist die Temperatur, bei der die Öle, wenn man sie abkühlt, ihren Charakter als Flüssigkeit verlieren. Laboratoriumsmäßig wird er festgestellt, indem man das Öl in einem Reagenzglas abkühlt und in kurzen Abständen während des Abkühlens beim Neigen des Glases beobachtet, ob das Öl noch fließt.

Für die meisten Betriebe hat der Stockpunkt zunächst Bedeutung bei solchen Maschinen, die im Freien oder in ungeheizten Räumen aufgestellt sind. Hierfür wird die gezeigte Methode ausreichen, und es werden auch niemals Schwierigkeiten bei der Beschaffung geeigneter kältebeständiger Öle auftreten. Zu beachten wäre allerdings, daß solche Öle bei Temperaturen zwischen 0 und 10° C, wie sie im Winter in der gemäßigten Zone überwiegend im Gegensatz zu den kurzen Frostperioden auftreten, nicht gleich zu leichtflüssig werden.

Ein sehr ungeeignetes Mittel zur Bewertung eines Öles bildet der Stockpunkt dagegen bei der Schmierung von Zylindern von Ammoniak- oder Kohlensäurekompressoren von Kältemaschinen. Dasselbe gilt für die sog. Winteröle für Kraftwagenmotoren. Man findet, daß einige Öle noch weit unterhalb des Stockpunktes von den Schmiervorrichtungen gefördert werden, da sie eine salbenartige Konsistenz annehmen. Andere Öle werden in der Nähe oder unterhalb des Stockpunktes gleich schmalzartig bis talgartig. Man kann diese Eigenschaften heute auch bereits in gewissen Grenzen zahlenmäßig erfassen, da man von salbenartigen Schmiermitteln im Vogel-Ossag-Viskosimeter noch die Zähigkeit bis zu etwa 1000° Engler feststellen kann[1]. Es wird also für Öle der erwähnten Art der Stockpunkt ebenfalls in Fortfall kommen, und man wird in Zukunft bei den in Frage kommenden Temperaturen nur die Zähigkeit feststellen, um die Gewähr zu haben, daß das Öl verwendbar ist. Mit den erwähnten Eigenschaften der Öle hängt es zusammen, daß eine Reihe guter Winteröle für Kraftwagen einen Stockpunkt in der Nähe von 0° haben, während andere Öle mit einem Stockpunkt von unter 0° bei strengen Frosttemperaturen doch unbrauchbar werden. In vielen Fällen wird dann der Versuch den Ausschlag geben müssen, ob das Öl bei der betreffenden Frosttemperatur von den Schmiervorrichtungen noch gefördert wird.

---

[1] Vogel: Über das Verhalten der Öle beim Erstarren usw. Erdöl u. Teer Bd. 3 (1927) S. 536.

Neuerdings hat sich herausgestellt, daß ein Unterschied besteht, ob das Öl kürzere Zeit oder sehr lange Zeit der gleichen Frosttemperatur ausgesetzt wird. Manche Öle, die nach einer Stunde noch durchweg schmiegsam waren, wurden im Verlaufe mehrerer Stunden schließlich doch noch fest und unbrauchbar. Es ist dies ein weiterer Beweis für die Unbrauchbarkeit der bisherigen Stockpunktsmethode.

4. Fettgehalt.

Bei vielen Praktikern und auch bei Ingenieuren und Chemikern, soweit sie nicht speziell mit Schmiermitteln zu tun haben, findet man die Meinung, ein gutes Schmiermittel müsse einen gewissen „Fettgehalt" haben, der eben seine Schmierfähigkeit ausmache. Es wird dann manchmal gefühlsmäßig an manchen Schmiermitteln ein Fettgehalt festgestellt. Dazu ist zu bemerken, daß weitaus die meisten Schmieröle keinerlei Fettgehalt besitzen, sondern reine Mineralöle sind. Diese reinen Mineralöle liefern für viele Zwecke die denkbar besten Resultate. Etwas Richtiges ist allerdings an den eben angeführten Vermutungen daran, daß nämlich, wie später noch ausgeführt wird, Mineralöle mit Zusatz an wirklichen Fetten, d. h. tierischen oder pflanzlichen Ölen oder Fetten im Bereiche der unvollkommenen Schmierung eine erhöhte Schmierfähigkeit zeigen. Insbesondere bei Dampfzylinderölen macht sich eine Verminderung der Oberflächenspannung gegenüber Gußeisen und eine Erhöhung der Schmierfähigkeit bei hohen Temperaturen bemerkbar, wenn sie in geeigneter Weise gefettet sind. In anderen Fällen wiederum ergeben sich bessere Gesamtresultate mit rein mineralischen Zylinderölen.

Gefettete Maschinenöle werden ebenfalls häufig verwendet, und ihre hohe Schmierfähigkeit macht sich dort bemerkbar, wo die Bedingungen für vollkommene Flüssigkeitsreibung bei Verwendung reiner Mineralöle nicht mehr zu schaffen sind. Sehr verbreitet sind beispielsweise die Voltolöle als Maschinenöle und sind dort zu empfehlen, wo man ihre Schmierfähigkeit voll ausnutzen kann. Sie sind mit einem durch elektrische Verfahren eingedickten Rüböl gefettet und zeigen im Gegensatz zu andern gefetteten Ölen eine gute Beständigkeit gegen Altern. Bei der Verwendung aller gefetteten Öle ist zu beachten, daß sie mit Wasser viel leichter Emulsionen bilden als reine Mineralöle und deshalb für viele Zwecke nicht empfohlen werden.

Für einzelne Zwecke ist man noch immer auf die Verwendung reiner Fette angewiesen, obgleich Gegenversuche mit den besten reinen Mineralölen in einwandfreier Weise noch nicht angestellt worden sind. Solche Fälle sind äußerst hoch belastete Lagerstellen, wo Drücke von über 300 kg pro cm² während längerer Dauer auftreten (s. S. 90). Hier ist bisher nur mit Rizinusöl und Wollfett eine einwandfreie Schmierung zu erzielen gewesen. Ein weiterer Fall betrifft die Schmierung von Rennkraftwagenmotoren, für welche in großem Maßstabe Rizinusöl oder Rizinusölgemisch verwendet wird. Hierbei ist wichtig, daß Rizinusöl auch noch bei sehr hohen Temperaturen schmierfähig bleibt. Allerdings sind auch viele schwere Rennen mit guten reinen Mineralölen gewonnen worden, und genaue Gegenversuche liegen auch hier nicht vor.

5. Asphaltgehalt.

Bei Untersuchungen von Ölen beim Einkauf und insbesondere wenn Dampfzylinder, Automobilzylinder oder Kompressorenzylinder Rückstände gezeigt haben, spielt die Untersuchung der Öle auf Asphaltgehalt immer eine große Rolle. Bei der Untersuchung ergibt sich dann immer wieder, daß die Beanstandungen mit dem Asphaltgehalt der frischen Öle nichts zu tun hatten. Maschinenölraffinate sowie Automobilöle werden von den bekannteren bewährten Firmen immer praktisch asphaltfrei geliefert. Bei Heißdampfzylinderölen und auch teilweise bei Sattdampfzylinderölen ist dagegen immer ein geringer Asphaltgehalt vorhanden, der im frischen Zustande zwischen 0,05 und 0,1 % schwanken soll. Auch diese Asphaltgehalte haben aber weniger mit der Bewährung in der Praxis zu tun. Hingegen unterscheiden sich die Öle sehr weitgehend darin, wie sie sich bei längerer Wärmebeanspruchung während des Betriebes verändern. Für diese Veränderung hat man noch keine normalisierte Prüfungsmethode gerade für die eben erwähnten Öle gefunden, welche eine Wärmebeanspruchung auszuhalten haben. Der Verfasser hat eine gute Übereinstimmung mit dem Verhalten in der Praxis gefunden, wenn er solche Öle einer Prüfung unterwarf, wie sie die „Richtlinien" für Großgasmaschinenöle vorschreiben. Da diese Prüfungsmethode noch nicht allgemein verwendet wird, sei sie hier im einzelnen angegeben:

Für Kraftwagenöle und Verbrennungsmotorenzylinderöle wird das Öl während 50 Stunden auf 150° C erhitzt, für Heißdampfzylinderöle erfolgt die Erhitzung auf 200° C während 50 Stunden. Die Erhitzung ist durchzuführen mit 50 g Öl in einem offenen Erlenmeyer-Kolben von 250 cm³ Inhalt und folgenden Abmessungen: lichte Halsweite: 25,5 mm, größere obere Randweite: 32,5 mm, unterer äußerer Bodendurchmesser: 82,5 mm, Höhe des Kolbens 136 mm, Toleranzen allgemein plus minus 2 mm. Der Kolben steht bis auf 20 mm vom oberen Rande im Ölbade. Die Temperatur wird im Versuchsöle selbst gemessen. Bei diesen Versuchen zeigten beispielsweise ganz hochwertige Autoöle keinerlei Veränderung, handelsübliche Autoöle Neubildungen zwischen 0,3 und 1,9 %, wenig wertvolle Autoöle Neubildungen bis zu 5 %.

Neben den erwähnten Verwendungszwecken spielt die Veränderung des Asphaltgehaltes hauptsächlich bei solchen Ölen eine Rolle, die in Lagern besonders hohen Temperaturen durch Strahlung oder Leitung ausgesetzt sind (z. B. an Drehöfen, Darren u. dgl.). Für die Auswahl der notwendigen Öle haben die Betriebsleiter bisher keinerlei Handhabe gehabt.

Eine Gruppe von Ölen wird mit einem Asphaltgehalt im frischen Zustand geliefert, und zwar sind das die sog. Maschinenöldestillate, die einen Asphaltgehalt von bis zu 0,25 %, bei geringwertigen sog. Achsenölen sogar bis zur 2 % zeigen. Solche Öle sind aber niemals einer Wärmebeanspruchung im Betriebe zu unterwerfen.

6. Säuregehalt.

Von einem Säuregehalt der Öle befürchtet der Nichtspezialist in erster Linie Anfressungen an den Metallteilen der Maschine. Es zeigt sich hier aber ebenso wie beim Asphaltgehalt die Tatsache, daß wenigstens die reinen Mineralöle der bekannteren Firmen völlig frei von Säure sind. Es muß dabei erwähnt werden, daß sich bei den gefetteten Ölen nach den üblichen Untersuchungsmethoden immer ein gewisser Säuregehalt ergibt, und zwar erscheint hier die Ölsäure des verwendeten Fettes. Der bei gefetteten Ölen im frischen Zustande festgestellte Säuregehalt hat aber für die praktische Verwendung überhaupt keine Bedenken. Ein Anfressen von Metallteilen in meßbarem oder erheblichem Umfange ist durch die üblichen Säuregehalte niemals zu befürchten. Nur bei Uhrwerksölen könnten die Zerstörungen an Metallteilen bei zu hohem Säuregehalt, der nicht auf Ölsäure zurückzuführen ist, bedenklich werden.

Eine größere Bedeutung besitzt der Säuregehalt, der heute allgemein in Form der Säurezahl oder Verseifungszahl festgestellt wird, für die Schmierfähigkeit und Haltbarkeit des Öles selbst. Öle, deren Säurezahl während des Betriebes schneller zunimmt als derjenige anderer Öle, sind weniger wertvoll und für Transformatoren sowie Dampfturbinenöle ist vom Verein Deutscher Eisenhüttenleute sowie von der Vereinigung der Elektrizitätswerke die Zunahme der Verseifungszahl als Maß für die Alterung der Öle bereits festgelegt[1].

---

[1] Die Ölbewirtschaftung (Isolier- und Dampfturbinenöle). Vereinig. d. Elektr.-Werke E.V. Berlin W 62, 1930 Januar.

7. Teerzahl und Verteerungszahl.

Die Teerzahl soll den Gehalt an teerartigen Bestandteilen im frischen Öl erfassen bzw. in dem Öl, wie es dem Laboratorium angeliefert wird. Die Verteerungszahl stellt den Gehalt an teerartigen Bestandteilen nach einer Wärmebeanspruchung unter Durchleiten von Sauerstoff fest, und man kann hierdurch beim frischen Öl die Neigung zu Alterungserscheinungen, beim gebrauchten Öl die eingetretene Alterung feststellen. Die Teerzahl und Verteerungszahl wird vom Verband Deutscher Elektrotechniker noch jetzt als Maß für die Beständigkeit und eingetretene Alterung der Transformatoren und Schalteröle benutzt, hat aber sonst keine Bedeutung mehr. Vor allen Dingen muß darauf hingewiesen werden, daß diese Untersuchungsmethode für dickflüssige Öle wie Maschinenöle und insbesondere Autoöle überhaupt nicht in Frage kommt.

8. Gehalt an Wasser und anderen Fremdkörpern.

Das Vorhandensein von Wasser ist bei Lieferung durch anerkannte Firmen immer nur als ein unvermeidlicher Transportschaden zu werten. Beim Transport in Fässern und Tankwagen ist der Zutritt von Wasser bzw. das Auftreten von Schwitzwasser nicht immer zu vermeiden, und es könnten bei Kenntnis dieser Tatsache viele Streitigkeiten vermieden werden. Transformatoren- und Schalteröle müssen vor dem Einfüllen durch Sonderverfahren immer noch getrocknet werden und bei anderen Ölen spielen die kleinen Wassermengen bei richtigem Abfüllen keine Rolle. Dasselbe gilt für eine Reihe von anderen Fremdkörpern. Bei Holzfässern lösen sich oft kleine Mengen Faßleim und rufen zum Teil eine unbedenkliche Trübung des Öles hervor, zum Teil scheidet sich der Leim in Klumpen ab, was auch unbedenklich ist. Bei älteren Leiheisenfässern löst sich durch die rauhe Behandlung auch nach sorgfältigster Reinigung gegebenenfalls etwas sog. Hammerschlag, der aber auch bei der Verwendung keine Bedenken bietet. Auf die eben erwähnten Fremdkörper ist bei der Probenahme Rücksicht zu nehmen, wenn man beispielsweise den Aschengehalt des Öles bestimmen will. Geschieht dies, so werden auch die bekannteren Ölmarken bezüglich des Aschegehaltes niemals zu Bedenken Anlaß geben.

9. Herkunft und Art der Herstellung.

Über diese Punkte wurde bereits bei der Behandlung des spezifischen Gewichtes gesprochen, es muß jedoch auf einige Begriffe

Herkunft und Art der Herstellung.

noch eingegangen werden. Man unterscheidet Destillate, Raffinate, Filtrate und Rückstandsöle. Die Destillate werden als leichte und schwere Maschinenöle sowie Achsenöle verwendet und stellen, wie der Name sagt, Destillationsprodukte des rohen Erdöles dar, die keiner weiteren Nachbehandlung unterworfen wurden. Sie enthalten dementsprechend einen gewissen Prozentsatz asphaltartiger, teerartiger oder harzartiger Körper. An gewissen Stellen ist die Verwendung solcher Öle sehr vorteilhaft und wegen des niedrigen Preises auch wirtschaftlich, da die erwähnten Bestandteile das Anhaftvermögen erhöhen und eine sparsame Verwendung in unvollkommenen Schmiereinrichtungen unterstützen. Die Verwendung richtig ausgewählter Destillate müßte noch mehr gefördert werden.

Aus geeigneten Destillaten werden die Raffinate hergestellt, indem man durch Schwefelsäure die erwähnten Anteile entfernt. Die Raffination kann so weit getrieben werden, daß zwar Aussehen und Haltbarkeit gewinnen, aber die Schmierfähigkeit nachläßt (Transformatorenöle). Eine besondere Form der Raffination ist das Edeleanuverfahren mit schwefliger Säure, welches sich so leiten läßt, daß tatsächlich nur die störenden Bestandteile entfernt, die schmierenden Bestandteile aber erhalten werden. Bei Ölen bestimmter Herkunft, wie besonders den pennsylvanischen, ist ein so scharfer Eingriff, wie ihn die Raffination darstellt, gar nicht erforderlich, und diese Öle können durch geeignete Filtration über besonders behandelte aktive Filtersubstanzen von störenden Beimengungen befreit werden. Wir erhalten so die Filtrate, welche für viele Zwecke sich als ganz hochwertig erwiesen haben.

Eine besondere Klasse bilden die Rückstandsöle, welche bei der Destillation als letzte Stufe erhalten werden und die Dampfzylinderöle ergeben. Diese werden im allgemeinen nicht raffiniert, sondern ebenfalls filtriert und die Filtration kann so weit getrieben werden, daß helle Zylinderöle, auch Bright Stocks genannt, entstehen. Es ist aber nicht gesagt, daß helle Zylinderöle immer hochwertiger sind als dunkle. Für höchste Überhitzungen haben sich die hellen Zylinderöle nicht bewährt. Eine besondere Klasse stellen die pennsylvanischen Zylinderöle immer noch dar. Bei pennsylvanischen Rohöl ist es möglich, auch die Zylinderöle noch als Destillate zu erhalten, was sich insbesondere in ihrer geringen Neigung zur Rückstandsbildung auswirkt.

Nicht ganz geklärt ist bisher der Einfluß von Herkunft und Herstellung auf die Bewährung von Verbrennungsmotoren bzw. Autoölen. Die meisten dieser Öle einschließlich der sog. schweren

10 Bedeutung des Untersuchungsbefundes für Schmierölbewertung.

Maschinenöle werden durch Mischung leichter Raffinate mit filtrierten Zylinderölen (Bright Stocks) hergestellt. Eine andere Reihe von derartigen Ölen sind in entsprechenden Temperaturgrenzen gewonnene Destillate, die später filtriert wurden. An der Siedekurve dieser Öle kann man die Herstellung deutlich erkennen. Es scheint erwiesen, daß so hergestellte Öle den eben erwähnten Mischungen bezüglich der Rückstandsbildung sehr überlegen sind.

10. Zähigkeit der Schmieröle.

Bei der Erörterung über die Bewertung von Schmiermitteln hat der Verfasser verschiedentlich festgestellt, daß die Leser und Zuhörer an dieser Stelle bereits ungeduldig werden. Bisher wurde bei jeder Untersuchungsart schließlich angegeben, daß sie für die Bewertung der Öle kaum in Betracht kommt. Wir kommen jetzt zu denjenigen Eigenschaften der Öle, welche von der größten Bedeutung sind, wenn man an einer gegebenen Schmierstelle die geringste Reibung und Abnutzung erzielen will.

Die Zähigkeit wird im allgemeinen als relative Zähigkeit in Deutschland nach Engler-Graden gemessen. Die Zähigkeitsangaben in andern Ländern nach Saybolt, Redwood usw. besagen im Grunde das gleiche, nur gibt man nach Engler an, wievielmal so schnell das Öl ausfließt als Wasser, während in England und Amerika die Zahl der Sekunden angegeben wird, die das Öl braucht, um aus den Rohren der Zähigkeitsmesser auszufließen. Sehr eingebürgert hat sich in letzter Zeit die sog. absolute kinematische Zähigkeit, welche in cm^2/sek gemessen wird. Diese Zähigkeitsangabe braucht man, wenn man überschlägliche Berechnungen der Reibungsverluste in Lagern nach der hydrodynamischen Theorie anstellen will, während die relative Zähigkeit ohne Benennung ist und in Formeln nicht verwendet werden kann[1].

Es hat sich die Gewohnheit herausgebildet, die Zähigkeiten aller Öle im Handel nur bei 50° C anzugeben. Dies hat bei Lagerschmierölen eine gewisse Berechtigung, da in der Nähe von 50° in weitaus den meisten Fällen die höchste Betriebstemperatur liegt. Man erhält auch bei gleicher Bezugstemperatur eine rohe Klassifizierung der Öle. Es muß noch auf den Irrtum eingegangen werden, daß eine höhere Zähigkeit unter allen Umständen eine größere Sicherheit der Schmierung gewährleistet. Bei geringem Spiel der Lager ist vielfach das Gegenteil der Fall, daß nämlich

---
[1] Richtlinien S. 69.

ein zu zähflüssiges Öl geringere Sicherheit gegen das Abreißen des Schmierfilms bietet. Auch die erwähnte absolute Zähigkeit hat keinen Zusammenhang mit der Schmierfähigkeit wie oft angenommen wird.

a) **Temperaturabhängigkeit der Zähflüssigkeit.** Ein gutes Unterscheidungsmerkmal von Ölen bietet die Art und Weise, wie die Zähflüssigkeit mit der Temperatur abnimmt. Für die meisten Zwecke ist es wertvoll, daß die Zähigkeit möglichst wenig bei steigender Temperatur sich ändert. Trägt man sich die Zähigkeiten in ein gewöhnliches Koordinatensystem ein, so erhält man sehr steile Kurven, so daß ein Vergleich einzelner Öle sehr schwierig erscheint. Günstigere Kurven für den praktischen Gebrauch erhält man bereits, wenn man für die Ordinate eine logarithmische Teilung wählt. Vielfach hat man versucht, die Teilung so zu wählen, daß man für die Viskositätskurven die für alle Öle nach dem gleichen Gesetz zu verlaufen scheinen, gerade Linien erhält. Dies ist in der letzten Zeit C. Walther[1] gelungen, welcher für die Ordinate eine Teilung wählte, die ungefähr dem Logarithmus des Logarithmus der absoluten Zähigkeit folgt, während er für die Temperatur den Logarithmus der absoluten Temperaturen wählte. Man erhält so praktisch über den ganzen Bereich, in dem die Öle noch wirklich flüssig sind, gerade Linien (Abb. 1). Es ist so möglich, wenn man von einem Öl die Zähigkeit bei zwei Temperaturen kennt, die ganze Kurve als gerade Linie sofort darzustellen. Hierdurch ist im Handel eine große Ersparnis an Untersuchungsarbeit möglich. Weiter kann man nach dieser Methode bei Ölen, deren Charakter man kennt, auch aus einer Zähigkeitsangabe die ganze Zähigkeitskurve ableiten. Es hat sich herausgestellt, daß die Kurven von Ölen gleicher Herkunft dem gleichen Gesetz folgen oder, wie es Walther ausgedrückt hat, den gleichen Zähigkeitsindex haben. Hierdurch ergibt sich eine weitere sehr praktische Vereinfachung.

Die flachste Zähigkeitskurve zeigen von den Mineralölen die pennsylvanischen und russischen. Es ist nun nicht für alle Zwecke wertvoll eine flache Viskositätskurve zu haben, jedoch bietet sie für die allermeisten Zwecke große Vorteile. Hierauf wird später bei der Lagerschmierung, Transmissionen und Verbrennungsmotoren noch näher eingegangen. Gleichzeitig hat sich gezeigt, daß die Mineralöle mit flacher Viskositätskurve auch andere wertvolle Eigenschaften haben, und zwar größere Beständigkeit und

---

[1] Walther, C.: Anforderungen an Schmiermittel. Masch.-Bau 1931 Nr 21 (5. November) S. 670. — Über die Auswertung von Viskositätsangaben. Erdöl u. Teer Bd. 7 (1931) S. 382.

12 Bedeutung des Untersuchungsbefundes für Schmierölbewertung.

Schmierfähigkeit, so daß also die Kenntnis der Zähigkeit bei mehreren Temperaturen von größtem Wert ist.

In Abb. 1 zeigen die Geraden 1 und 2 den Verlauf der Zähigkeit von kältebeständigen russischen Ölen, 3 und 4 von handelsüblichen Ölen. Öl 1 und 3 haben bei 50 die gleiche Zähflüssigkeit von 3,5 E, und man beachte nun den Unterschied bei 100° (um 0,3° E) und bei 20° (um 25° Engler.)

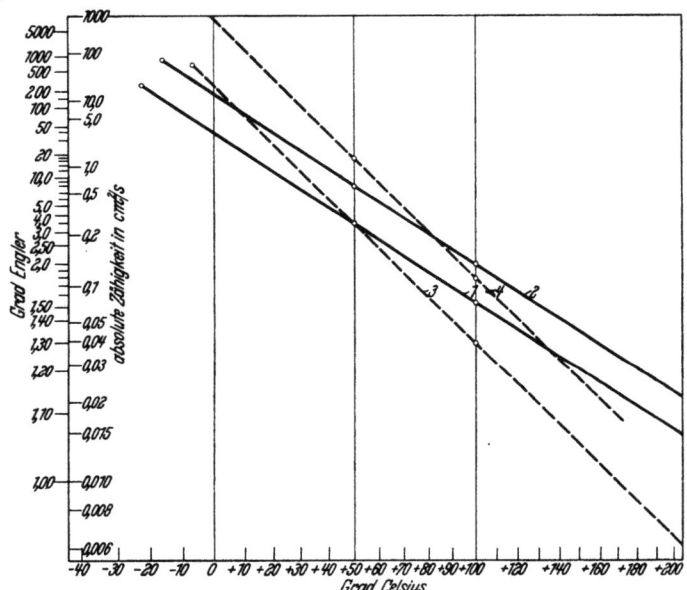

Abb. 1. Darstellung der Viskositätskurven nach C. Walther als gerade Linien durch besondere Teilung für Temperatur und Zähigkeit.

Es sei bei dieser Gelegenheit erwähnt, daß verschiedene Verfahren in Vorbereitung sind, um entweder aus ganz einfachen Kohlenwasserstoffen Schmieröle synthetisch aufzubauen oder aus Erdölprodukten besonderer Art durch besondere Leitung der Hydrierverfahren oder auf anderem Wege Schmieröle mit besonderen Eigenschaften zu erhalten. Diese Schmieröle dürften auch bezüglich der Viskositätskurve die besten pennsylvanischen Öle sowie auch fette Öle übertreffen.

Bisher sind nämlich die fetten Öle, insbesondere die wenig zähflüssigen pflanzlichen und tierischen Öle in ihrer Zähflüssigkeitskurve von reinen Mineralölen nicht zu erreichen. Es ist dies mit ein Grund, weswegen man für bestimmte Zwecke gefettete Öle gern verwendet. Es läßt sich durch geeignete Mischung nämlich eine sehr günstige Zähflüssigkeitskurve schaffen. Die Voltolöle, welche unter Verwendung von elektrisch eingedicktem Rüböl hergestellt werden[1], sind dabei insofern günstig, als sie bei niederen Temperaturen in ihren Zähflüssigkeiten herabgesetzt sind. Bei höheren Temperaturen nimmt dagegen die Zähflüssigkeit kaum weniger stark ab, als bei guten pennsylvanischen oder russischen Ölen. Ein Zusatz von Rizinusöl zu Mineralölen, wie er für Kraftfahrzeugmotoren sehr beliebt ist, wirkt hauptsächlich auf die Zähflüssigkeit bei hohen Temperaturen, welche entsprechend dem Zähigkeitsverlauf von Rizinusöl stark heraufgesetzt wird.

b) Auswahl der Öle nach der Zähigkeit. Die Zähigkeit des Schmieröles muß so gewählt werden, daß unter den an der Schmierstelle herrschenden Bedingungen eine möglichst geringe Reibung erfolgt. Da die Reibungsarbeit in sehr starkem Maß von der Zähflüssigkeit abhängt, so ist aus diesem Grunde eine möglichst geringe Zähflüssigkeit anzustreben. Andererseits sinkt aber die Dicke des Schmierfilmes mit abnehmender Zähflüssigkeit, so daß die Gefahr besteht, daß bei zu geringer Zähflüssigkeit die Rauhigkeiten der Gleitflächen durch die Schmierschicht hindurchstoßen und starke Abnutzung bis zum Fressen auftritt. Die Zunahme der Schmierschichtdicke geht aber nur bis zu einer gewissen Grenze. Versuche hierüber liegen noch nicht vor, nach den Erfahrungen des Verfassers hat es jedoch keinen Zweck, nur mit Rücksicht auf die Schmierschichtdicke mit der Zähigkeit höher als etwa 9° Engler zu gehen. Maßgebend ist natürlich die Zähigkeit immer bei der an der Schmierstelle herrschenden Öltemperatur.

11. Schmierfähigkeit.

Herrscht an einer Schmierstelle reine Flüssigkeitsreibung, treten also die Rauhigkeiten der Metalloberflächen an keiner Stelle durch den Schmierfilm hindurch, so hängt die erzeugte Reibungsarbeit lediglich von der Zähflüssigkeit des Schmiermittels ab. Dies scheint endgültig durch die Versuche von Schneider[2] bewiesen zu sein. Leider ist aber der Fall der reinen Flüssigkeitsreibung anscheinend noch äußerst selten, und auch dort nicht vorhanden, wo man es bisher annahm. Man kann heute

---

[1] DRP. Nr 234543 usw., verwertet von Rhenania-Ossag Mineralölwerke A.-G. Hamburg (s. S. 5).
[2] Schneider: Versuche über die Reibung in Gleit- und Rollenlagern. Petroleum-Z. Bd. 16 (1930) Nr 7 (12. Februar) S. 221 ff.

verhältnismäßig leicht durch elektrische Messungen[1] feststellen, ob die reine Flüssigkeitsreibung auftritt und es ist nur zu wünschen, daß bei Neukonstruktion wichtiger Maschinen ein solcher Versuch für alle Lager und Gleitstellen durchgeführt wird. Vielfach wird es durch verhältnismäßig kleine Umkonstruktionen möglich sein, nach einigen Versuchen die reine Flüssigkeitsreibung ganz oder annähernd zu erzielen.

Festgestellt ist die reine Flüssigkeitsreibung bei zweckmäßig eingebauten Ringschmierlagern mit beständiger Belastungsrichtung nach unten, und zwar ist hierbei der feste Ring dem losen Schmierring gleichwertig. Die wichtigsten Anwendungsgebiete sind Transmissionen sowie elektrische Maschinen aller Art. Ebenfalls reine Flüssigkeitsreibung tritt im Betriebszustande bei richtig gebauten Umlaufschmierungen auf, und zwar ausgeprägt dann, wenn die Kraftrichtung im Lager nicht wechselt.

An anderen Stellen ist kaum die reine Flüssigkeitsreibung zu finden. Wir erwähnen hauptsächlich alle Schmierstellen mit stark wechselnder Kraftrichtung, ferner solche, wo stoßartige Änderungen in der Belastung auftreten, wie an Explosionsmotoren, Hartzerkleinerungsmaschinen u. dgl. Allerdings ist es durch sehr geschickte Konstruktion der Schmiereinrichtungen in vielen solcher Fälle doch möglich, die reine Flüssigkeitsreibung wenigstens annähernd zu erzielen. Besonders ermutigend in dieser Beziehung sind die neueren Erfolge bei der Schmierung von Verbrennungsmotoren, wo fast die geringe Abnutzung von Transmissionen erzielbar war. Auch an schweren Walzwerken sind zum Teil große Erfolge erzielt worden. An anderen Stellen wie gerade an Hartzerkleinerungswerken, Walzwerksmaschinen, aber auch an sehr gering belasteten Maschinen ist jedoch die Schmiertechnik noch sehr wenig entwickelt und man nimmt unnötig große Abnutzungen und Reibungszahlen in den Kauf.

An allen Stellen, an denen keine reine Flüssigkeitsreibung zu erzielen ist, hängt die Reibungszahl und auch die Abnutzung nicht allein von der Zähigkeit des Öles, sondern von einer andern Eigenschaft ab, welche man mit Schmierwert, Schlüpfrigkeit oder auch Öligkeit (Oiliness) bezeichnet. Diese Schlüpfrigkeit läßt sich bisher nicht genau bestimmen oder messen, und man kann sie nur durch vergleichende Versuche im Gebiete der halbflüssigen Reibung bestimmen. Vielfach hat man versucht, Ölprüfmaschinen zu bauen, von den viele Hundert Konstruktionen existieren. Gerade bei

---

[1] Schering, H., u. R. Vieweg: Über die Beurteilung der Lagerschmierung nach elektrischen Messungen. Z. angew. Chem. Bd. 39 (1926) S. 1119—1123, 1601.

den neuesten Bauarten hat sich aber wiederum gezeigt, daß die Ergebnisse faßt niemals mit der Praxis übereinstimmen. Sicherlich ist dies darauf zurückzuführen, daß auf den Ölprüfmaschinen das Öl unter Bedingungen arbeitet, die gänzlich von denen verschieden sind, unter denen es in der Praxis arbeiten muß. Es sei nur daran erinnert, daß bei einigen Ölprüfmaschinen denkbar hochpolierte Lagerzapfen und Klötze als Lagerschalen verwendet werden, während eine neueste Bauart einer Ölprüfmaschine sehr kompliziert geformte Metallflächen aufeinander abwälzt.

Es besteht sicher ein Zusammenhang zwischen der Schlüpfrigkeit bzw. dem Schmierwert und der Oberflächenspannung bzw. der Benetzungsfähigkeit der Öle, aber alle Versuche, diesen Zusammenhang zahlenmäßig festzulegen, sind bisher fehlgeschlagen. Es sei hier an die umfangreichen aber völlig vergeblichen Arbeiten von Dallwitz-Wegener[1] erinnert. Sehr aussichtsreich erscheinen Messungen der Benetzungswärme, d. h. der Wärme, welche entsteht, wenn man eine Metalloberfläche mit dem Öl in Berührung bringt[2]. Es muß aber hierbei beachtet werden, daß solche Metalle bei den Versuchen zur Verwendung kommen, wie sie für Zapfen und Lagerschalen im Gebrauch sind. Es müßte also beispielsweise die Benetzungswärme verschiedener Öle gegenüber polierten Stahl- und Eisenflächen sowie Bronze und Weißmetallflächen gemessen werden. Diese Messungen wären dann mit praktischen Messungen an Lagern zu vergleichen. Leider sind entsprechende Versuche noch nicht ausgeführt, was zum Teil damit zusammenhängt, daß die entsprechenden zu messenden Wärmemengen äußerst klein sind und vielleicht unmittelbar gar nicht gemessen werden können, wenigstens nicht so genau, daß Unterschiede bei verschiedenen Ölen und Metallen einwandfrei nachzuweisen wären. Man ist kürzlich dazu übergegangen, die Schmierfähigkeit der Öle dadurch zu messen, daß man die Benetzungswärme gegenüber ganz feinen Metallpulvern feststellte. Man erhielt so größere Wärmemengen, welche sich leichter vergleichen ließen, jedoch steht noch nicht fest, ob durch die Versuchsanordnung nicht neue Fehler entstanden sind.

Die aussichtsreichste Möglichkeit die Schlüpfrigkeit oder den Schmierwert der Öle zu messen, scheint sich aus den Arbeiten von

---

[1] Dallwitz-Wegener: Über neue Wege zur Untersuchung von Schmiermitteln. München und Berlin: R. Oldenbourg 1919.
[2] Bachmann, W., u. Brieger: Kolloid-Z. Bd. 36 (1925) Nr 142 (Zsigmondy-Festschrift).

16 Bedeutung des Untersuchungsbefundes für Schmierölbewertung.

Vieweg[1] zu ergeben. Vieweg zeigte nämlich, daß beim Durchgang eines Wechselstromes von einer Lagerfläche durch die Ölschicht zur andern Lagerfläche ein Teil des Wechselstromes gleichgerichtet wird. Die Stärke der Gleichrichterwirkung war bei sonst als schmierfähig bekannten Ölen größer und bei anderen sehr gering. Wichtig ist, daß dieser Gleichrichtereffekt an praktisch ausgeführten Lagern gemessen werden kann, und zwar an jeder Stelle im eingebauten Zustande.

Die wechselnde Stärke des Gleichrichtereffektes bestätigt eine schon lange bestehende Ansicht, daß schmierfähige Öle in der Nähe der Grenzflächen besondere Molekülanordnungen ausbilden. Man führt dies wiederum darauf zurück, daß z. B. fette Öle, welche immer sehr schlüpfrig sind, Verbindungen von Glyzerin und Fettsäure darstellen. Die Moleküle dieser Öle sind polar gebaut, d. h. stäbchenförmig ausgebildet, und bei Berührung mit Metallen richten sich die einzelnen Moleküle senkrecht zur Metalloberfläche, wobei die Fettsäuregruppe des Moleküls dem Metall zugewendet ist. Auf dieser Molekülschicht, welche ungeheuer fest am Metall haftet und auch mehrere Moleküle stark sein kann, gleiten dann die anderen Moleküle, ähnlich wie die einzelnen Karten eines Kartenspieles übereinander hin. Dieser Aufbau dünner Ölschichten auf Metallen ist durch Röntgenbilder einwandfrei nachgewiesen (Abb. 2).

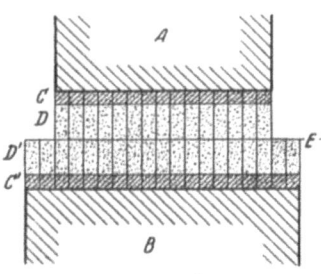

Abb. 2. Aufbau der Ölschicht bei vollkommener Schmierung. *A* und *B* Metalle des Zapfens und der Schale. *C* und *C'* Grenzschichten mit orientierten Molekülen. *D* und *D'* weniger oder gar nicht orientierte Molekülschichten. *E* Gleitebene.

Reine Kohlenwasserstoffe, also auch reine Mineralöle haben vielfach gegenüber den fetten Ölen nur eine sehr geringe Schmierfähigkeit, was darauf zurückzuführen ist, daß die Moleküle andere Formen haben, und sich Metallen gegenüber indifferent verhalten. Sie bilden keine orientierten Grenzschichten aus. Andere reine Mineralöle zeigen dagegen eine Schlüpfrigkeit, und zwar sind dies in der Hauptsache solche, welche ungesättigte Verbindungen aller Art enthalten. Teilweise sind gealterte, d. h. zum Teil oxydierte Öle, in denen sich Säuren gebildet haben, zunächst sogar schlüpfriger und schmierfähiger als frische Öle dieser Art.

---

[1] Vieweg, V., u. J. Kluge: Über die Messungen der Schmierfähigkeit von Ölen in Lagern. Arch. Eisenhüttenwes. Jg. 2 (1929) Juni.

Unter den reinen Mineralölen heben sich als besonders schmierfähig und schlüpfrig die pennsylvanischen sowie russischen Öle hervor. Auf welche molekularen Eigenschaften dies zurückzuführen ist, ist bisher nicht bekannt, jedoch werden die Fortsetzungen der Arbeiten von Vieweg hierüber wohl eine Aufklärung bringen. Ebenso müßte festgestellt werden, ob sich die Schlüpfrigkeit der genannten Öle stark von derjenigen fetter Öle unterscheidet.

12. Beständigkeit der Schmiermittel.

Wie bereits erwähnt, ist vielfach die Meinung verbreitet, daß die Öle sich nach längerem Gebrauch innerlich abnutzen, und dabei an Schmierfähigkeit einbüßen. Zum Beispiel wird vielfach angenommen, daß ein Öl nach ein- oder zweimaligem Durchlauf durch ein Lager einen geringeren Wert habe als im frischen Zustande. Dies ist keineswegs der Fall. Selbst nach hunderttausendfachem Durchlauf durch ein Lager hat sich das Öl wenig verändert, wenn man von der Einwirkung des Luftsauerstoffes oder anderer Gase absieht. Selbstverständlich würde eine sehr starke Druckeinwirkung und Entlastung auch eine gewisse Einwirkung auf das Öl haben, jedoch macht sich dies alles nur gering bemerkbar, wenn kein Sauerstoff vorhanden ist. Viel zu wenig beachtet wird bisher der starke Luftgehalt und damit auch Sauerstoffgehalt der frischen Öle selbst. Dickflüssige Öle enthalten in ungebrauchtem Zustande bis zu 20 Raumprozente Luft, und damit auch Sauerstoff, welche bei abwechselnder Be- und Entlastung des Öles sich ausdehnt und wieder löst und damit sicher auch einen Einfluß auf die mehr oder weniger schnelle Alterung des Öles ausübt. Wie gesagt, ist aber eine solche Alterung des Öles erst nach sehr langer Benutzung zu bemerken, wie z. B. bei Turbinenöl nach etwa 30 bis 50000 Betriebsstunden je nach der Art des Öles. Auch dann ist die Alterung aber nicht auf die häufige Benutzung zurückzuführen, sondern auf die Länge der Zeit (im letzten Fall 4—5 Jahre), während welcher der Sauerstoff und die Metalle Zeit hatten, auf das Öl einzuwirken. Auch feine Metallflitterchen, welche von Abnutzungserscheinungen herrühren, können in Verbindung mit Sauerstoff die Alterung des Öles beschleunigen. Dies ist vor allen Dingen bei solchen Umlaufschmierungen zu berücksichtigen, wo mit stärkerer Abnutzung unter allen Umständen zu rechnen ist. (Kraftwagenmotoren u. dgl.).

Die Oxydationsprodukte, welche sich bei der Alterung bilden, können harmloser Natur sein, wenn sie als Zerfallprodukte (Poly-

18 Bedeutung des Untersuchungsbefundes für Schmierölbewertung.

merisationsprodukte) in Form von Harzen oder Asphalten auftreten. Einige organische Säuren können z. B. in geringen Mengen zunächst die Schmierfähigkeit erhöhen. Treten die Alterungsprodukte jedoch in größeren Mengen auf, so sinkt die Schmierfähigkeit des Öles und vor allen Dingen sinkt der Widerstand des Öles gegen Emulsionsbildung mit Wasser, so daß bei Auftreten von Schwitzwasser u. dgl. Schlammbildung eintritt.

Sehr hochraffinierte reine Mineralöle sind sehr beständig gegen Alterung, es muß jedoch bei der Verwendung berücksichtigt werden, daß mit größerer Beständigkeit, d. h. schärferer Raffination die Schmierfähigkeit abnimmt. Am wenigsten beständig sind Rückstandsöle aller Art, wie insbesondere Zylinderöle aus Rohölen auf Asphaltbasis. Dazwischen gibt es alle denkbaren Abstufungen.

Fette Öle, wie z. B. Rizinusöle, aber auch die seltener benutzten Harz- und Teeröle verändern sich unter dem Einfluß des Luftsauerstoffes viel schneller als reine Erdölprodukte und bilden schnell zähe bis harzartige klebrige oder feste Alterungsprodukte. Auf diese Eigenart der fetten Öle ist bei ihrer Verwendung stets Rücksicht zu nehmen, worauf noch mehrfach eingegangen werden wird.

Die Bestimmung der Alterungsneigung wurde in den Absätzen über Asphalt und Säuregehalt sowie Verteerungszahl bereits ausführlich erwähnt.

13. Graphit als Schmiermittel.

Graphit kann allein bereits als ein Schmiermittel bezeichnet werden, da sich an diesem Material eine Blättchenstruktur bis in das ultramikroskopische Gebiet hinein vorfindet, so daß bei Anwesenheit von Graphit zwischen Gleitflächen diese Blättchen sich aufeinander verschieben, wobei eine bedeutend geringere Reibung erzeugt wird, als bei Verschiebung der Metallflächen aufeinander. Man macht von Graphit als Schmiermittel Gebrauch in solchen Fällen, wo andere Schmiermittel durch Hitze oder andere Einwirkungen zerstört werden. Eine aussichtsreiche Verwendung reinen Graphites scheint auch dort vorzuliegen, wo eine überstarke Verstaubung vorliegt und jedes normale Schmiermittel in ein Schleifmittel verwandelt werden würde. Dieser Fall tritt z. B. bei Motorradketten auf, bei deren Schmierung noch dauernd Fehler gemacht werden.

Als Zusatz zu Schmiermitteln hat sich der Graphit besonders dort bewährt, wo poröse Gleitflächen vorliegen oder wo durch irgendwelche Einflüsse die Gleitflächen während des Betriebes dauernd wieder aufgerauht werden. Hauptsächlich kommt dies in

Frage, wenn Grauguß auf Grauguß läuft. Der Graphit füllt die oberflächlichen Poren aus und bildet dann auf der Lauffläche einen Graphitspiegel. Vielfach wird auch angenommen, daß der Graphit sich ähnlich wie die Moleküle fetter Öle an den Grenzflächen orientiert und auch auf polierten Gleitflächen dünne Überzüge ausbildet. Dieses ist noch nicht bewiesen. Eine gewisse Sicherheit gegen Heißlaufen kann so erklärt werden, daß bei Abreißen des Ölfilmes etwas Öl im Graphitpulver zurückgehalten wird und dann mit einer Paste aus Graphit und Öl gefahren wird. Zum Einlaufen ist der Graphit sehr zu empfehlen, da er entweder bei Gußeisen die Poren ausfüllt oder wie bei polierten Flächen, zwischen den Erhöhungen noch eine Paste bestehen läßt, welche solange die Schmierung sichert, bis die Erhöhungen der Lagerflächen auf das notwendige Maß abgeschliffen sind. Wahrscheinlich entfaltet der Graphit auch eine sehr feine und günstige Schleifwirkung[1].

Erforderlich ist, daß die Graphitteilchen genügend fein sind. Nur bei zwei Fabrikaten, und zwar dem Kollag von I. D. Riedel-De Haen A.-G. Seelze bei Hannover und den Oildagpräparaten der Firma Acheson Ltd. London findet sich der Graphit in sog. kolloider Verteilung mit Teilchengröße von unter 0,0001 mm, während alle anderen Graphite zu grob sind.

B. Fettschmierung und Schmierfette.
1. Anwendungsgebiete der Fettschmierung.

Bei Gleitlagern wird die Fettschmierung oft nur einen geringwertigeren Ersatz für Ölschmierung bieten, da eine vollkommene Schmierung mit Fetten nur in Ausnahmefällen zu erzielen ist. Immerhin gibt es eine große Reihe von Fällen, wo man an Gleitlagern und ähnlichen Schmierstellen ohne Fettschmierung noch nicht auskommt. Es sind dies zunächst eine große Reihe von Lagern an Maschinen, die im Freien arbeiten oder in anderen Räumen, wo die Temperaturen, Luftfeuchtigkeit usw. stark wechseln. In diesem Falle ist das Fett günstig, weil es an den Austrittsstellen der Wellen aus den Lagern einen Kragen bildet und störenden Einflüssen den Weg in das Lager verlegt.

Ein anderer Grund für die Beibehaltung der Fettschmierung besteht in bestimmten Bewegungsverhältnissen der zu schmieren-

---

[1] Steinitz-Wannsee: Kolloidgraphitschmierung, ihre Ziele und Resultate. Kolloid-Z. Bd. 57 (1931) Heft 1. — Walger, O., u. E. Schneider: Der Einfluß von Graphit auf die Reibung in Gleitlagern. In Berichte über betriebswissenschaftliche Arbeiten. Berlin: VDI-Verlag 1930.

den Lager. Bei Lagern mit sehr hohen Flächendrücken und gleichzeitig langsamen Bewegungen, d. h. geringer Zapfengeschwindigkeit bei drehender Bewegung oder auch bei geringer hin- und hergehender Bewegung ist es mit normalen Schmiervorrichtungen nicht möglich, das Öl so zuzuführen, daß sich ein richtiger Ölfilm ausbildet. Sollte sich nämlich der Film auch gebildet haben, so fließt das Öl zu schnell ab, da nicht, wie bei normalen Drehzahlen durch die Welle selbst, ständig neues Öl nachgepumpt wird. Bei den sog. Schmierfetten ist ein solches rasches Abfließen nicht in dem Umfange möglich. Das Öl befindet sich im Fett in Form von kleinen Tröpfchen, die von Seife umhüllt sind. Dabei verhindert die Seife, ohne selbst zu schmieren, das Herausfließen des Öles aus dem Lager. Ein einigermaßen vollkommener Schmierfilm bildet sich im Gegensatz zu Öl nur aus, wenn ständig unter Druck Fett nachgeschoben wird.

Eine dritte Vorbedingung für die Zulassung von Fettschmierung an Gleitstellen ist schließlich dann gegeben, wenn ein Lager durch geringen Druck und geringe Bewegung einen ganz minimalen Schmiermittelbedarf hat. Dieser Schmiermittelbedarf beziffert sich vielfach nur auf wenige Milligramm in größeren Zeiträumen und ist mit Öl nicht einzuhalten, weil es sich an den Schmierstellen nicht lange genug hält und weil mechanische Schmiereinrichtungen im allgemeinen gar nicht auf solchen Ölverbrauch einzustellen sind.

Schließlich kommen noch solche Schmierstellen für Fettschmierung in Frage, welche als Ganzes starke Bewegungen ausführen, so daß Öl durch die Trägheit oder Zentrifugalwirkung sich nicht in den Lagern halten würde. Allerdings sind auch hier nur solche Schmierstellen vorteilhaft mit Fett zu bedienen, wo geringe Drücke auftreten. Sind die spezifischen Flächendrücke hoch, so muß doch in irgendeiner Weise für die richtige Zuführung von Öl gesorgt werden. Es wird beispielsweise niemand auf den Gedanken kommen, den Pleuelzapfen einer stationären Dampfmaschine mit Fett zu schmieren, sondern es muß dafür gesorgt werden, daß reichlich Öl zugeführt und das abspritzende Öl wieder aufgefangen wird. Ein gutes Objekt für Fettschmierung sind dagegen bereits verschiedene Lager an der Steuerung von Kolbendampfmaschinen, jedoch wird hierfür die Fettschmierung noch zu wenig benutzt. Sehr eingehend beschäftigt sich die Deutsche Reichsbahn mit der Möglichkeit der Fettschmierung an Lokomotiven. Es ist hier bisher weder an den Achslagern noch an den Triebwerkslagern eine Erhaltung wie an anderen Maschinen möglich gewesen. Augenblicklich werden Versuche gemacht, um vor allen Dingen eine zweckmäßige Fettpresse zur Schmierung der Achslager auszuwählen. Für die Triebwerksschmierung ist eine Zentral-Fettversorgung nicht möglich, da diese Schmierstellen zu starke Bewegungen ausführen, und Versuche mit Buchsen haben bisher nicht voll befriedigt.

a) Fettschmierung der Wälzlager. Das Wälzlager kennzeichnet sich schmiertechnisch dadurch, daß an den Kraftübertragungsstellen fast reine rollende Reibung auftritt. Von manchen Seiten wird behauptet, daß die Anwesenheit eines Schmiermittels an den Druckstellen der Kugeln oder Rollen unnötig sei. Heute scheint festzustehen, daß erstens zwischen Kugel oder Rolle und Laufring doch ein gewisses Gleiten stattfindet und daß ferner geeignete Schmiermittel in sehr feinen Überzügen auch zwischen den Rollkörpern und den Laufringen während der Druckübertragung haften bleiben. Jedenfalls steht fest, daß gänzlich ungeschmierte Kugellager auch unter den günstigsten Umständen sich schneller abnutzen als ungeschmierte. Eine etwas stärkere Gleitbewegung tritt an den Reibungsstellen zwischen den Kugeln oder Rollen und den Käfigen auf. Hier ist also unbedingt ein Schmiermittel erforderlich. Vom Standpunkte der Reibung aus wäre sicherlich ein sehr hoch raffiniertes dünnflüssiges Öl das geeignetste für Wälzlager. Aus verschiedenen Gründen ist jedoch Öl nur in Ausnahmefällen zu verwenden. Füllt man es in genügender Höhe ein, so spritzt es zu stark und schäumt, so daß es aus den besten Dichtungen infolge Überdruckes austritt. Es werden deswegen heute praktisch alle Wälzlager mit Fetten geschmiert.

2. Schmierfette und ihre Zusammensetzung.

Es muß zunächst bemerkt werden, daß Schmierfette fast niemals Fett im chemischen Sinne darstellen. Es sind Emulsionen von sehr wenig Wasser in einer größeren Menge Mineralöl, wobei die Emulsion mit Hilfe von Seifen, insbesondere Kalkseifen aber auch Natronseifen beständig gemacht wird. Verseift werden geringe Mengen verschiedener fetter Öle. Man kann sich ein sog. Schmierfett auch so vorstellen, daß winzige Ölkügelchen von Seifenhüllen umgeben sind, so daß sie in diesem Seifengerüst festgehalten werden. Man kann dies an einem handelsüblichen sog. Staufferfett leicht feststellen, wenn man es allmählich kräftig erwärmt. Man wird dann beobachten, daß ein Mineralöl heraustropft und daß die Reste der Seife in Form einer dickeren oder dünneren Kruste zurückbleiben.

Wirkliche Fette und fette Öle werden nur in Sonderfällen benutzt. Es ist hier zu erwähnen das reine Wollfett sowie Speckseiten, welche in Sonderfällen für Lager von Walzenstraßen Verwendung finden.

Für die Praxis kommt es nun darauf an, fettartige Schmiermittel herzustellen, welche sich unter den normalen Betriebsbedingungen nicht zersetzen. Man hat natürlich vielfach versucht, rein mineralische Schmiermittel von fettartiger Konsistenz herzustellen, jedoch ist dies nur in Sonderfällen gelungen. Die rein mineralischen Schmiermittel dieser Art sind gleichzeitig äußerst klebrig und von honigartiger Konsistenz, so daß sie beispielsweise für Kugellager u. dgl. wegen der hohen Reibungsarbeit nicht in Frage kommen. Dagegen sind sie ausgezeichnet zur Schmierung offener schwerer Zahntriebe u. dgl. gegebenenfalls in Verbindung mit Graphit. In diesen Fällen müssen sie warm aufgetragen werden.

Fettartige Schmiermittel sind auch die Vaseline. Es muß aber bei dieser Gelegenheit betont werden, daß die Vaseline, d. h. amorphe Paraffine nur einen sehr geringen Schmierwert haben. Vor allen Dingen werden sie schon bei sehr geringer Temperaturerhöhung flüssig, und zwar verwandeln sie sich in eine petroleumartige Flüssigkeit ohne jegliche Schmierfähigkeit. Wegen der häufigen Irrtümer muß hier nochmals betont werden, daß keines der sog. Maschinenfette Vaseline ist oder Vaseline enthält. Es ist auch zwecklos von einem Maschinenfett zu verlangen, daß es ein vaselinartiges Aussehen hat oder durchsichtig ist. Diese Eigenschaften haben mit der Bewertung überhaupt nichts zu tun.

3. Die Bewertung der Schmierfette.

Man hat verschiedentlich versucht für die Bewertung der Schmiermittel Richtlinien aufzustellen, jedoch ist außer dem Tropfpunkt eigentlich keine zahlenmäßige Bewertung gelungen. Bereits der Gehalt an Beschwerungsmitteln ist äußerst schwierig festzustellen, da sich dauernd Täuschungen ergeben, wie von verschiedenen Seiten nachgewiesen worden ist. Auch der sog. Glührückstand oder Aschegehalt gibt gar keinen Hinweis auf die Qualität, da es für denselben Zweck Fette mit hohem Glührückstand und niedrigem Glührückstand und trotzdem gleicher Qualität gibt.

Auch die Farbe hat nichts mit der Schmierfähigkeit zu tun. Aus unerklärlichen Gründen hatte es sich eingebürgert, gelbe Maschinenfette zu verkaufen, wobei die Farbe durch Zinkweiß und gelben Farbstoff hervorgerufen wird. Die fachkundigen Fetthersteller verkaufen aber jetzt nach Möglichkeit nur naturfarbenes, graues Fett. Lediglich Dauerfette werden zur Erleichterung der Unterscheidung am Lager verschiedenartig gefärbt.

Es fragt sich, wie der Verbraucher sich gegen die Lieferung minderwertiger Schmierfette schützen soll, von denen sicherlich eine große Reihe auf dem Markte ist. Erkennbar ist die geringe Qualität daran, daß bereits nach kurzer Laufzeit unter sonst gleichen Umständen eine Entmischung von Öl und Seife auftritt und daß die Abnutzung der geschmierten Maschinenteile verhältnismäßig rasch fortschreitet. Es steht jedenfalls fest, daß eine große Reihe von Maschinenfetten Mineralöle sehr minderwertiger Qualität und von ganz geringem Schmierwert verarbeiten und es ist sehr wahrscheinlich, daß aus solchen Ölen keine hochwertigen Schmierfette herzustellen sind, deren Schmierfähigkeit dann ja nur auf der Seifengrundlage beruhen würde. Seife hat aber nur einen geringen Schmierwert. Neutrale Untersuchungen über den Zusammenhang von Fettqualität und Art der verwendeten Grundstoffe liegen bisher von keiner Seite vor, es wäre jedoch eigenartig, wenn keine Untersuchungsmethode gefunden werden sollte. In der maßgebenden technischen Literatur findet sich jedenfalls kein Hinweis, daß solche Untersuchung bisher möglich gewesen ist.

Es haben sich einige Bewertungsangaben im Handel eingebürgert, welche aber mehr auf dem Gefühl beruhen und nur von eigentlichen Schmierfettfachleuten wieder beurteilt werden können.

Zunächst ist hier die Geschmeidigkeit zu erwähnen. Geschmeidigere Fette bis zur Zähigkeit von etwa 1000^0 E könnten noch im Vogel-Ossag-Viskosimeter bewertet werden, jedoch scheint dies noch nicht ausgeführt worden sein und in der Praxis findet auch eine zahlenmäßige Kennzeichnung der Fette nach der Zähigkeit nicht statt. Sehr zähe bis starre Fette können auch im Vogel-Ossag-Viskosimeter nicht mehr bewertet werden, und man ist wieder zur gefühlsmäßigen Beurteilung gezwungen.

Eine weitere Beurteilungsmöglichkeit ist das sog. Abreißen der Fette. Zieht man eine kleine Probe auseinander, so bemerkt man, daß einige Fette lang abreißen und sich in Sonderfällen wie Honig ziehen lassen, während andere ganz kurz abreißen. Von normalen Maschinenfetten wird im allgemeinen verlangt, daß sie nicht zu kurz abreißen also im geringen Masse eine Faserstruktur zeigen. Hochschmelzende Fette und sog. Dauerfette haben dagegen eine langfaserige Struktur.

Andere Bewertungsmöglichkeiten sind, wie erwähnt, kaum vorhanden. Farbe sowie Grad der Durchsichtigkeit gibt keinen Anhalt für die Bewertung und auch der Tropfpunkt ist nur in geringem Maße heranzuziehen. Selbstverständlich muß der Tropfpunkt weit höher liegen als die Temperatur, bei der das Fett verwendet werden soll. Man beobachtet aber, daß einige Fette sich bereits unterhalb des Tropfpunktes stark erweichen, während andere gewissermaßen Öl ausschwitzen, ohne daß es zur Tropfenbildung kommt. Dieses Ausschwitzen oder die Abgabe winziger Ölmengen unter leichtem Druck ist bei sog. Dauerschmierfetten, Schmierextrakten, in einzelnen Fällen auch Schwammfetten genannt, sogar erwünscht.

C. Schmiermitteltypen.

Es soll hier erstmalig versucht werden, die Schmiermittel nach ihren Haupttypen zu ordnen und bei jeder Type kurz die Hauptpunkte anzugeben, auf die es für die praktische Verwendbarkeit ankommt. Der Verfasser wurde immer wieder gebeten, eine solche Aufstellung vorzunehmen und es wurde von Betriebsleitern, Betriebsingenieuren, Meistern usw. darauf hingewiesen, daß nach keinem der bisher bestehenden Bücher oder Richtlinien eine solche Aufklärung möglich sei. Bei jedem Schmiermittel ist für die Zwecke des vorliegenden Buches eine Abkürzung vorgesehen.

1. Schmieröle.

O 1 = Maschinenöl, kältebeständig. Es sind dies meist reine Mineralöle mit einer Zähflüssigkeit zwischen $3,5^0$ E und 15^0 E bei 50^0 C, die bis zu — 15^0 gut flüssig bleiben. Über 50^0 C nimmt die Zähflüssigkeit meist schnell ab, und das leichtflüssige Öl von $3,5^0$ Engler hat bei 100^0 C nur noch eine Zähflüssigkeit von 3,4 bis $1,4^0$ oder darunter. Gefettete Maschinenöle sind auch gut kältebeständig (s. u. O 19, O 20).

O 2 = Dampfturbinenöl, leichtflüssig. Es sind dies ganz besonders hoch raffinierte reine Mineralöle und außer den Transformatorenölen die einzigen für die brauchbare Normalien festgelegt sind (s. S. 58). Sie bedürfen nur einer geringen Schmierfähigkeit und die Zähigkeit ist etwa $2,5^0$—3^0 E bei 50^0. Maßgebend ist die große Alterungsbeständigkeit und die Öle sind deswegen auch für Umlaufschmierungen aller Art unter ungünstigen Verhältnissen sowie als Füllungen für Ölgetriebe u. dgl. gut verwendbar.

O 3 = Dampfturbinenöl, schwerflüssig. Eigenschaften wie O 2, insbesondere wird von den Lieferanten auch auf geringes spezifisches Gewicht geachtet, welches weiter die Trennung von Wasser erleichtert. Zähigkeit zwischen 3,0 und 7,0⁰ E bei 50⁰ C.

O4 = **Verdichteröl (Zylinderöl) für geringe Wärmebeanspruchung.** Die Eigenschaften unterscheiden sich nicht sehr stark von denen guter Maschinenöle mit Zähigkeiten zwischen 3,5 und 8,0⁰ E bei 50⁰ C. Öle dieser Art sind unter Umständen bis zu den höchsten Drücken verwendbar. Erwünscht ist gute Wiederverwendungsmöglichkeit, daher geringe Emulgierfähigkeit und gute Alterungsbeständigkeit.

O5 = **Verdichteröl (Zylinderöl) für hohe Wärmebeanspruchung.** Maßgebend ist zunächst die Zähigkeit bei den an den Schmierstellen zu erwartenden Temperaturen. Zähigkeit bei 100⁰ C 2,0⁰ E bis 3,5⁰ E. Von großer Bedeutung sind Angaben über das Verhalten bei längerem Verweilen unter hohen Temperaturen (s. S. 6). Anzustreben ist eine Zusammensetzung aus Bestandteilen, deren Siedepunkt nicht zu weit auseinanderliegt (gutes Siedeverhalten). Es sind Öle dieser Art im Handel, die praktisch ohne Rückstand verdampfen.

O 6 = **Kältemaschinensonderöl.** Öle, die bis zu —40⁰ flüssig bleiben. Sie sollen dabei gegenüber den Einflüssen von Ammoniak oder anderen Kältemedien beständig bleiben. Ihre Schmierfähigkeit bei normalen Außentemperaturen sowie auch ihre Zähflüssigkeit bei 50⁰ C entspricht derjenigen von Spindelölen, mit denen sie im ganzen starke Ähnlichkeit haben.

O7 = **Sattdampfzylinderöl.** Der Flammpunkt ist meist etwas niedriger als bei den Heißdampfzylinderölen, hat aber nur eine geringe Bedeutung für die Bewährung. Maßgebend ist eine Zähflüssigkeit von 4,0 bis 5,5⁰ E/100⁰ C und großer Widerstand gegen Fortwaschen von den Schmierflächen durch nassen Dampf. Hierfür kann ein gewisser Asphaltgehalt oder Fettgehalt vorteilhaft sein. Sollen die Öle zur Schmierung heißer Lager bei Ringschmierung oder Umlaufschmierung dienen, so ist Asphaltgehalt unzulässig, dagegen große Beständigkeit bei hohen Temperaturen zu fordern.

O8 = **Heißdampfzylinderöl.** Flammpunkte zwischen 280⁰ und 350⁰. Zähflüssigkeit zwischen 3,5 und 6,0⁰. Bei besonders schwierigen Verhältnissen (s. S. 40) ist große Unveränderlichkeit unter hohen Temperaturen zu fordern. Diese ist anzutreffen bei Ölen mit günstigem Siedeverhalten.

O9 = **Verbrennungsmotorenzylinderöl, leichtflüssiges Autoöl.** Zähflüssigkeit bei 100⁰ zwischen 1,4 und 2,3⁰ E. Unter 1,8 nur, wenn gleichzeitig Kältebeständigkeit gefordert wird.

Zu fordern ist weiter gute Beständigkeit bei hohen Temperaturen und geringe Rückstandsbildung im Verbrennungsraum. Vorteilhaft sind Öle, die von 100^0 C bis 50^0 C nur wenig in der Zähflüssigkeit zunehmen.

O 10 = Schwerflüssiges Autoöl. Eigenschaften wie unter O 9 Zähigkeit bei 100^0 C/2,3 bis $3,3^0$ E.

O 11 = Autogetriebeöl. Eigenschaften etwa wie unter O 7, besonderer Widerstand gegen Wegdrücken zwischen den Zahnflanken beim Schalten.

O 12 = Öl für Feinmechanik und Uhrwerke. Über die besonderen Anforderungen s. S. 101. In Verwendung sind fast ausschließlich hoch raffinierte leichtflüssige Mineralöle mit Zusätzen von vorbehandelten fetten Ölen. Aussichtsreich Versuche mit synthetischen Ölen, wie z. B. synthetisch hergestellte Glykol- oder Glyzerinester bestimmter ausgewählter gesättigter Fettsäuren (DRP. Nr. 538387).

O 13 = Spindelöl, leichtflüssig. Teils wenig raffinierte Destillate, teils sehr hochraffinerte Mineralöle mit Zähigkeiten zwischen 1,4 und $1,8^0$ E/50^0 C. Bei besonderen Anforderungen an die Schmierfähigkeit werden gefettete Spindelöle angeboten.

O 14 = Spindelöl, schwerflüssig, Elektromotorenöl. Eigenschaften wie O 13, Verwendung in leicht belasteten Ringschmierlagern und Umlaufschmierungen. In diesem Fall nur Raffinate oder filtrierte Öle von guter Beständigkeit.

O 15 = Maschinenöl, normal. Zähigkeiten zwischen 3,5 und $6,5^0$ E/50^0 C. Bei sehr hohen Anforderungen an Beständigkeit Eigenschaften ähnlich O 3 und O 9.

O 16 = Maschinenöl, dunkel. Wenig raffinierte Destillate mit geringem Gehalt an harzartigen und asphaltartigen Stoffen. Schmierfähigkeit und Haftfähigkeit sehr gut. Für Handschmierung bei geringeren Anforderungen Beständigkeit noch viel zu wenig benutzt.

O 17 = Maschinenöl, schwerflüssig. Raffinate oder filtrierte Destillate mit Zähigkeiten zwischen 6,5 und 27^0 E/50^0 C. Verwendung bei geringen Gleitgeschwindigkeiten und hohen Drücken, die höheren Zähigkeiten nur bei hohen Temperaturen. Bei besonderen Anforderungen an Beständigkeit Eigenschaften wie unter O 10.

O 18 = Umlaufverdichteröl bei hoher Wärmebeanspruchung. Zähigkeit etwa $2,0^0$ E/100^0 C, Flammpunkt über 220^0 C bei geringem Gehalt an höher siedenden Bestandteilen.

O 19 = Gefettetes Maschinenöl, leichtflüssig. Eigenschaften wie O 15 durch Zusatz an fetten Ölen, z. B. elektrisch eingedicktem Rüböl, sehr hohe Schmierfähigkeit bei geringerer Beständigkeit in Gegenwart von Wasser.

O 20 = Gefettetes Maschinenöl, schwerflüssig. Eigenschaften und Verwendung etwa wie O 17. Die Emulsionsbildung mit Wasser kann ausgenutzt werden, um bei wasserbespritzten Lagern an Seeschiffsmaschinen, Brikettpressen, Papiermaschinen u. dgl. das Wegwaschen aus dem Lager zu verhindern.

2. Schmierfette.

Da, wie erwähnt, eine Untersuchung des Fettes kaum einen Anhalt für die Bewertung bietet, sind im folgenden bei jeder Fett-Type einige als gut erprobte Fette bekannter Marken kurz angeführt und beschrieben. Es sei aber ausdrücklich hervorgehoben, daß es noch eine große Anzahl weiterer guter Fettmarken gibt, und es kann nur empfohlen werden, eine Lieferfirma mit deren Produkten man längere Zeit gute Erfahrungen gemacht hat, und welche auch sonst in dem Geschäftszweig als erfahren bekannt ist, auf jeden Fall beizubehalten.

F 1 = Maschinenfette für gewöhnliche Betriebsverhältnisse. Ölemulsionen auf Kalkseifenbasis mit Tropfpunkten zwischen 80 und 100°.

Olex-Maschinenfette 501—506: Olex DBPG, Berlin-Schöneberg. Fette von normaler Konsistenz, naturfarben für alle Verwendungszwecke, Aschegehalt um 2 % Kalzium-Oxyd, Tropfpunkte zwischen 85 und 100°.

Olex-Normal-Wälzlagerfett: Olex Deutsche Petroleum-Verkaufsgesellschaft, Berlin-Schöneberg. Sehr geschmeidiges Fett von genügender Festigkeit, Aschegehalt 2,6 % in Form von Kalziumoxyd, Tropfpunkt 91—92°.

Gargoyle-Starrfett B 2: Deutsche Vacuum-Öl-A.-G. Hamburg. Fett von normaler Konsistenz, Aschegehalt 2 % Kalziumoxyd, Tropfpunkt 93—97°.

Shell-Maschinenfette FA 2, FB 2: Rhenania-Ossag-Mineralölwerke, Hamburg. Fette von normaler Konsistenz und guter Schmierfähigkeit, Tropfpunkt 85—90°.

Shell-Maschinenfette F 3 und FD 3: Tropfpunkt 100°, Fette von besonderer Geschmeidigkeit.

Fiske Cup-Grease 3: Fiske Brothers Refining Co., New York. Hellgelbes Fett von vaselinartiger Konsistenz, Aschegehalt 1,7 % Kalziumoxyd, Tropfpunkt 95°, bleibt in der Nähe des Gefrierpunktes noch geschmeidig. Zu beziehen durch Vereinigte Kugellager-Fabriken A.-G., Berlin W 56, sowie Bebeol, Rostock (Mecklenburg).

Fiske Fett Extra K 3: Hellgelbes, weiches, geschmeidiges Fett, ähnlich wie voriges.

Calypsol W II: Deutsche Calypsol-Gesellschaft, Düsseldorf. Hellbraune bis gelbe Farbe, sehr kurzfaseriges Fett. In der Konsistenz etwas fester als Vaseline. Aschegehalt 2 % Kalziumoxyd und etwas Natriumoxyd, Tropfpunkt 91° C, auch für Frosttemperaturen geeignet.

Keystone 2: Henke in Hagen (Westfalen). Fett normaler Konsistenz, Aschegehalt 1,5%, Kalziumoxyd, Tropfpunkt 91—95°.

Flexo-Fett 2: Thomas & Bishop, Stuttgart. Ziemlich weiches Fett, Aschegehalt 1,3%, Kalziumoxyd, Tropfpunkt 88°, sondert bei 50° bereits Öl ab.

Aseol 1: Deutsche Aseol-Gesellschaft, Leipzig. Fett von graugelber Farbe und sehr weicher honigartiger Konsistenz, Aschegehalt 2,7%, Kalziumoxyd, Tropfpunkt 92°.

F2 = Heißlagerfette. Ölemulsionen auf Natronseifenbasis mit verschiedenen Zusätzen und Tropfpunkten bis 175°.

V 2745: Rhenania-Ossag-Mineralölwerke A.-G., Hamburg. Sehr konsistentes Fett auf Natronseifenbasis, besonders für größere hochbelastete Rollen und Kugellager, Tropfpunkt 175°, Aschegehalt 3,4 bis 4,2% Natriumoxyd. Bei niedrigen Temperaturen nicht zu verwenden.

Calypsol BR I: Deutsche Calypsol-Gesellschaft, Düsseldorf. Dunkelbraunes hochkonsistentes Fett, Aschegehalt 2% Natriumoxyd, Tropfpunkt 160°.

Olex-Heißlagerfett: Olex DBPG Berlin-Schöneberg. Polsteriges Fett auf Natronseifenbasis, Tropfpunkt auf Wunsch bis 170°.

F3 = Brikettfette. Ganz besonders starre Fette sehr verschiedenartiger Zusammensetzung für Lager mit entsprechenden Einrichtungen[1].

Shell Heißlagerfett V 3090 und V 3394: Rhenania-Osseg-Mineralölwerke, Hamburg. Brikettfette sehr hoher Konsistenz und kurzfaseriger Struktur. Für Lager mit Fettkästen. Bei niedrigen Temperaturen nicht verwendbar.

Olex Golalit-Walzenfett-Brikett. Olex DBPG Berlin-Schöneberg. Hartes braunes Fett von Tropfpunkt 180—190°.

F4 = Fette für erhöhte Temperatur, genügende Schmierfähigkeit auch bei normaler Temperatur. Ölemulsionen auf Natronseifenbasis mit Tropfpunkten über 100°, aber guter Geschmeidigkeit bei niedrigen Temperaturen.

Gargoyle Vaco Starrfett AA Nr. 1: Deutsche Vacuum-Öl-A.-G., Hamburg. Ganz besonders geschmeidiges Fett für kleine Kugel- und Ringschmierlager.

Gargoyle Vaco Starrfett BB: Deutsche Vacuum-Öl-A.-G., Hamburg. Besonderes Kugellagerfett für äußerst hohe Drehzahlen.

SN 28: Vereinigte Kugellager-Fabriken A.-G., Berlin W 56. Ziemlich konsistentes Fett, im wesentlichen auf Natronseifenbasis, braune Färbung, Aschegehalt 3,5%, Natriumoxyd und etwas Kalziumoxyd, Tropfpunkt 118°.

Olex Spezial-Wälzlagerfett K 4 W: Olex DBPG, Berlin-Schöneberg. Polsteriges durchsichtiges Fett. Tropfpunkt 160—170° auf Natronseifenbasis. Bis minus 35° noch geschmeidig. Das „W" in der Bezeichnung bedeutet „wasserfest" speziell gegen Schwitzwasser.

---

[1] Die Fette unter F 3 werden im allgemeinen von Fettpressen nicht mehr gefördert.

F5 = Dauerfette. Emulsionen besonderer Art, welche z. T. bei normalen Temperaturen unter Druck geringe Ölmengen abgeben, ohne sich in längerer Zeit zu verändern. Hierunter fallen auch gute Autogetriebefette sowie bestimmte Arten rein mineralischer Schmiermittel von stark honigartiger Konsistenz.

Olex Dauerschmierextrakt: Olex DBPG, Berlin-Schöneberg. Ausgesprochen weiches Fett, zur Unterscheidung rot gefärbt, Tropfpunkt ungefähr 140°, gibt bei etwas niedrigeren Temperaturen unter Druck Öl ab.

Calypsol W I B: Deutsche Calypsol-Gesellschaft, Düsseldorf. Graubraunes Fett von normaler Konsistenz, Aschegehalt 1,6 %, Natriumoxyd (Natronseifenbasis), Tropfpunkt 130°. Trotzdem bei Frosttemperaturen geschmeidig. Ausgesprochenes Dauerfett.

Shell Ossagol 00—3 (Shell Heißlagerfett F 4, Shell Kugellagerfett FD 4): Rhenania-Ossag-Mineralölwerke A.-G., Hamburg. Trotz hoher Tropfpunkte (100—175° C) geschmeidige Fette, teilweise zur Unterscheidung rötlich gefärbt, Aschegehalt bis 2,2 % Natriumoxyd, FD 4 mit Tropfpunkt 175° eignet sich auch für kleine Lager mit hoher Drehzahl. Ausgesprochene Dauerfette.

Shell Ambroleum: Rhenania-Ossag-Mineralölwerke A.-G., Hamburg. Ganz besonders zähes, langziehendes, dunkelbraungrünes Fett auf Natronseifenbasis, Aschegehalt 1,6 % Natriumoxyd.

Gargoyle Produkt 8855: Deutsche Vacuum-Öl-A.-G., Hamburg I. Rein mineralisches Produkt von honigartiger Konsistenz. Hohe Zähflüssigkeit noch bei 100° C. Zu empfehlen zur Schmierung offener großer Zahnräder und Drahtseile.

Gargoyle Schwammfett, mittel: Deutsche Vacuum-Öl-A.-G., Hamburg. Natronseifenfett, Tropfpunkt über 130°, geringe Ölabgabe bereits ab 90° C.

F6 = Graphitfette. Emulsionen am besten auf Natronseifenbasis mit Zusatz von Graphit, für welchen kolloidaler Graphit vorgeschrieben werden sollte.

Gargoyle Grafitfett, mittel: Deutsche Vakuum-Öl-A.-G., Hamburg. Für offene Zahntriebe, besonders Holz auf Eisen, warm aufzutragen.

Gargoyle Grafitfett, hart: Deutsche Vakuum-Öl-A.-G., Hamburg. Für offene Zahntriebe, besonders Holz auf Eisen, warm aufzutragen.

D. Schmierungsbedingungen und Schmiermittelauswahl.

Es ist immer wieder versucht worden, ein Schmiermittel gewissermaßen auszurechnen oder tabellenmäßig nach bestimmten Angaben über die Schmierstelle, an der es verwendet werden soll, festzulegen. Leider ist dies heute jedoch noch unmöglich, da, wie im folgenden gezeigt wird, die Faktoren, die im einzelnen die Schmiermittelwahl bedingen, noch zu zahlreich sind, so daß sich eine zu große Menge von Kombinationen ergibt.

a) Druck. Der Druck je Flächeneinheit, den eine Gleitfläche auf die andere ausübt, kann folgendermaßen abgestuft werden: Niedrig unter 10 kg pro cm², mittelgroß zwischen 10 und 50 kg pro cm², groß 50 bis 150 kg/cm², außergewöhnlicher Lagerdruck über 150 kg/cm². Höherer spezifischer Druck wirkt im allgemeinen der vollkommenen Flüssigkeitsreibung entgegen, jedoch ist unter Umständen bei Drücken bis zu 100 kg/cm² noch mit wenig zähflüssigen Ölen von geringer Schmierfähigkeit ein Erfolg zu erzielen.

b) Temperatur. Die Temperaturen im Beharrungszustand im Metall der Gleitflächen möglichst nahe am Ölfilm gemessen, können wie folgt abgestuft werden: Schmierstellentemperatur niedrig — d. h. nahe bei oder innerhalb der Frosttemperaturen — normal, zwischen 10° und 50° C, erhöht 50° bis 80° C, hoch 80° bis 200° C, außergewöhnlich hoch über 200° C. Bei Beurteilung der Temperaturen ist zu berücksichtigen, ob diese durch Reibung entstehen. In diesem Fall können sie durch andere Gestaltung oder andere Schmiermittelauswahl noch gesenkt werden. Ist für hohe Temperatur dagegen Strahlung oder Leitung von Wärme die Ursache, so muß sie bei Schmiermittelauswahl und Zuführung berücksichtigt werden.

c) Gleitgeschwindigkeit. Die Abstufung der Geschwindigkeit, mit der sich eine geschmierte Fläche gegen die andere bewegt, läßt sich wie folgt abstufen: niedrig, unter 0,5 m/sek, mittel 0,5 bis 5,0 m/sek, hoch 5,0 bis 12,0 m/sek, sehr hoch über 12 m/sek. Bei Gleitlagern unterstützt eine hohe Gleitgeschwindigkeit die Ausbildung und Beständigkeit des Schmierfilmes bei Ölschmierung. Dies gilt bis 30 m/sek.

d) Material. Es finden sich folgende Möglichkeiten: Gußeisen auf Gußeisen, weiches Eisen auf Gußeisen, gehärteter Stahl auf Weißmetall, gehärteter Stahl auf Bronze, gehärteter Stahl auf gehärtetem Stahl, weiches Eisen auf Weißmetall, Holz auf Eisen. Der Einfluß der Lagermetalle bzw. der Metalle, aus denen die Gleitflächen bestehen, auf die Erzielbarkeit der reinen Flüssigkeitsreibung bzw. überhaupt auf den Zustand des Schmierfilmes wurde lange geleugnet. Noch in ganz neuen Veröffentlichungen findet sich der Fehlschluß, daß es, wenn reine Flüssigkeitsreibung herrsche, auf die Art der Lagermetalle nicht ankomme. Hierbei wird übersehen, daß sich unter gewissen Umständen die reine Flüssigkeitsreibung oder überhaupt eine tragbare Abnutzung nur bei Verwendung bestimmter Metalle, die einander gegenüber arbeiten, erzielen läßt. Die Einflüsse der Lagermetalle auf die Schmierung scheinen jetzt im großen ganzen erforscht zu sein, wenn auch die Forschungsergebnisse noch sehr zerstreut vorliegen. Eine sehr folgerichtige Arbeit hat die Deutsche Reichsbahn geleistet[1], welche kürzlich von Kunze dargestellt wurde. Danach ergibt sich vor allen Dingen, daß es unnötig ist, die sehr vielen verschiedenen Arten von Lagermetallen (Eingußmetallen) des Handels beizubehalten, und daß man mit ganz wenigen Sorten auskommt. Weißmetalle werden dort notwendig bleiben, wo man eine sehr geringe Abnutzung trotz geringer Formänderungen der Wellen und Zapfen erzielen will. Sind praktisch keine Formänderungen vorhanden, so ergeben sehr harte geschmiedete oder gezogene Bronzen auf möglichst harten Oberflächen von Stahlzapfen die besten Resultate. Zur Erreichung einer genauen Form von Zapfen und Schale ist es dabei günstig, äußerst kurze Lager bis herab zu 0,2 D zu verwenden. Große Verdienste auf diesem Gebiete hat sich die Spezialbronze G. m. b. H., Berlin, um die Entwicklung der Lagerbuchsen aus gezogenem Präzisionsbronzeröhren erworben, welche sie auf denkbar fein polierten Stahlzapfen laufen läßt. Infolge des geringen Raumbedarfes bei praktisch keiner Abnutzung treten diese Lager in starken Wettbewerb mit Wälzlagern (Abb. 3).

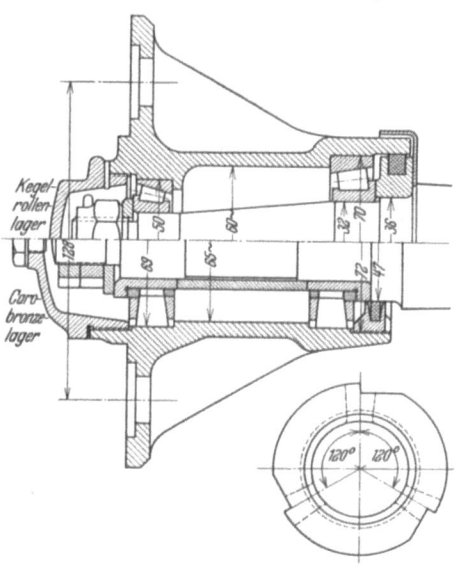

Abb. 3. Vorderradnabe von Personenkraftwagen. Gleitlager von gleichem Raumbedarf wie Timkenlager (Kegelrollenlager). Spezialbronze G. m. b. H., Berlin.

e) Bearbeitung. Es finden sich folgende Abstufungen, wobei gleich die ungefähre Größe der Unebenheiten mit angegeben ist; soweit sie für Gleitflächen in Frage kommen: gebohrt oder gedreht 0,01 bis 0,02 mm, geschliffen 0,001 bis 0,006 mm, fein gerieben 0,001 bis 0,003 mm, geläppt oder mit feinstem Schmirgelleinen poliert bzw. mit Diamant gedreht 0,0005 bis 0,001 mm, feinste denkbare Oberflächenbehandlung 0,0001 mm.

---

[1] Maschinenbau Nr. 21, Bd. 10 (1931) VDI. Verlag Berlin.

f) Einfluß der Umgebung. Hier sind folgende Möglichkeiten: Reine Luft, Staub, angriffslustiger Staub oder angriffslustige Gase, Spritzwasser, Druckwasser, offene Flamme (z. B. Verbrennungsraum eines Motors).

g) Lagerspiel. Von Lagerspiel kann man, strenggenommen, nur bei geschlossenen Buchsen sprechen. Bei allen Lagern mit senkrechter nicht wechselnder Belastungsrichtung stellt sich die Dicke des Ölfilms ohne Rücksicht auf das zur Verfügung stehende Spiel unter Einfluß der Schmiermittelart, Drehzahl usw ein.

h) Lagerlänge. Bei Lagern ist der Schmierungszustand auch von der Lagerlänge abhängig, die heute zwischen 0,2 D und 2,5 D wechselt. Ein langes Lager, vorausgesetzt, daß es auf seiner Länge trägt, begünstigt die Ausbildung eines guten Schmierfilms.

i) Art der Schmiervorrichtung. Die Schmiervorrichtungen sind hier zwecks Verwertung in den Maschinenübersichten bei den einzelnen Industriezweigen mit Abkürzungen gekennzeichnet.

Sa = Handschmierung mit Kanne oder Pinsel.
Sb = Tropföler, Nadelöler oder dergleichen.
Sc = Ringschmierung, Ölbadschmierung oder dergleichen.
Sd = einfache Fettbuchsen, sogenannte Staufferbuchsen und dergleichen.
Se = Zentralöler ohne Ölumlauf (Frischölschmierung).
Sf = Zentralfettapparat.
Sg = Handfettpressen.
Sh = Umlaufschmierung unter Pumpendruck.
Si = Niederdruckumlaufschmierung (Gefälledruck).
Sk = Fettpackung.
Sl = Brikettschmierung.
Sm = Eindruckschmierung.

Es sind also mindestens 10 verschiedene Faktoren zu berücksichtigen, die insgesamt mehrere Hundert verschiedene Fälle oder Möglichkeiten zulassen, für die jedesmal die günstigste Schmiermittelauswahl zu treffen ist. Hieraus geht hervor, daß eine schematische Auswahl nicht denkbar ist, sondern daß Erfahrung und Gefühl bei der Schmiermittelauswahl noch immer eine große Rolle spielen.

E. Die Schmierung der Kraftmaschinen.

1. Die Kolbendampfmaschine.

a) Zylinderschmierung. Das Öl soll im Dampfzylinder zwischen Kolbenring und Zylinderwand einen Schmierfilm bilden, welcher im Idealfall die metallische Reibung zwischen diesen beiden Maschinenteilen völlig aufhebt. Der Kolben selbst soll bei einer gut gebauten Maschine nicht in Berührung mit der Zylinderwand kommen. Bei stehenden Maschinen ist dies verhältnismäßig leicht bei sorgfältigem Zusammenbau möglich. Bei liegenden Maschinen strebt man ebenfalls danach, diese Berührung auszuschalten und sog. Schwebekolben zu erhalten. Man gibt der Kolbenstange im unbelastetem Zustande eine geringe Durchbiegung nach oben, so daß der Kolben sie durch sein Gewicht zu annähernd gerader Form ausstreckt. In der Praxis wirkt sich das meist so aus, daß der Kolben an einer Stelle der Zylinderwandung doch anläuft, jedoch geschieht dies bei gut erhaltenen Maschinen nur mit so geringem Druck, daß es für die Abnutzung kaum eine Rolle spielt.

Es muß zugegeben werden, daß die Verhältnisse für die Ausbildung eines zusammenhängenden Schmierfilms zwischen Kolbenring und Zylinder ungünstig liegen. Die Kolbenringe sind verhältnismäßig schmal und es lassen sich keine Formen entwickeln, die einen keilförmigen Ölspalt zwischen Ring und Wand gestatten würden. Bei größeren Maschinen ist es möglich, die Kanten der Kolbenringe etwas zu brechen, so daß ein Abstreifen des Öles nicht so kräftig erfolgt. Im allgemeinen liegt jedoch der Fall so, daß bei jedem Hub sich ein neuer Ölfilm ausbilden muß. G. Falz macht noch einen großen Unterschied zwischen Lager- bzw. Gleitbahnschmierung, wo nach seiner Meinung praktisch vollkommene Schmierung leicht zu erzielen und der Kolbenschmierung, wo ausgesprochen halbflüssige Reibung herrschen soll.

Die Praxis zeigt, daß die Abnutzungsgeschwindigkeit bei Kolbenringen von Dampfmaschinen nicht größer zu sein braucht, als bei Lagerzapfen oder Schalen. Dem Verfasser steht ein Beobachtungsmaterial von über 1000 Kolbendampfmaschinen zur Verfügung, und es zeigt sich hierbei, daß unter normalen Betriebsbedingungen Laufzeiten von 20000 bis hinauf zu 40000 Betriebsstunden entsprechend 7—15 Jahren bei 8-Stundenbetrieb zu erzielen sind. Unter normalen Betriebsbedingungen sollen hier Drücke bis zu 25 atü und Dampftemperaturen bis zu 330° am Zylinder gemessen, verstanden sein. Werden solche Laufzeiten nicht erreicht, so liegt dies weniger an falscher Ölauswahl, da solche Laufzeiten mit allen Zylinderölen der bekannteren Firmen erreicht worden sind. Die Gründe für überschnelle Abnutzung liegen einmal an falscher Materialauswahl für Ringe und Zylinder. Besonders deutlich trat dies dann hervor, wenn, wie der Verfasser es mehrfach beobachtete, der erste Satz von Kolbenringen eine normale Laufzeit erreicht hatte, während der nächste Satz sich vorschnell abnutzte. In mehreren Fällen ergab sich dann, daß der zweite Satz Kolbenringe im Material nicht richtig gegenüber dem Zylindermaterial abgestimmt war. Von manchen Fachleuten wird angenommen, daß das Ringmaterial etwas härter sein soll als das Zylindermaterial. Die Beobachtungen des Verfassers haben jedoch ergeben, daß dies nicht der Fall ist, sondern daß das Ringmaterial um einige Skleroskopgrade weicher sein soll. als das Zylindermaterial. Daneben wird vielfach nicht beachtet, daß die Anpressungsdrücke infolge der Ringkonstruktion bei dem zusätzlichen Anpressungsdruck infolge des Dampfdruckes vielfach zu hoch werden, so daß auch bei bester Schmierung derartige Wärmemengen durch Reibung erzeugt werden, daß Wärmestauungen auftreten, wobei jedes Öl bei den entstehenden Temperaturen seine Schmierfähigkeit verlieren muß. Zusammenfassend kann gesagt werden, daß Laufzeiten der Kolbenringe, reiner Dampf vorausgesetzt, von über 10000 Betriebsstunden immer zu erreichen sind, und es ist erstaunlich, daß viele Maschinenbesitzer Kolbenringlaufzeiten von 2000 Betriebsstunden und darunter als gegeben hinnehmen. Es sei nochmals darauf hingewiesen, daß die Qualität des Öles hierbei nur in ganz seltenen Ausnahmefällen eine Rolle spielt.

b) Die Zuführung des Zylinderöles. Schmierapparate. Die sog. Schmierpressen stellen heute eine vollkommene Lösung nicht mehr dar. Für die Zylinderschmierung von Dampfmaschinen kommt heute nur noch ein Drucköler in Frage, bei dem die Fördermenge zu den einzelnen Schmierstellen für sich verstellt werden und dabei in irgendeine Form sichtbar gemacht werden kann. Auf dem deutschen Markt befinden sich eine große Reihe ausgezeichneter Fabrikate, die auch fast ausschließlich deutscher Herkunft sind. Besonders erscheinen die deutschen Apparate manchen Fabrikaten gegenüber überlegen, die im Auslande verbreitet sind. Der Verfasser hat umfangreiche vergleichende Untersuchungen an Druckölern auf dem Prüfstande durchgeführt, wobei sich diese Tatsache erneut bestätigt hat[1].

Beim Anbau der Druckschmierapparate werden noch oft Fehler gemacht, welche leicht vermieden werden können. Die Übersetzung zwischen Schmierapparat und Maschinentriebwerk soll so gewählt werden, daß der Apparat nicht zu schnell läuft. Ist dies nämlich der Fall. so muß man pro Förderhub des Apparates und pro Schmierstelle zu kleine Ölmengen einstellen, d. h. an allen Apparaten angebrachten Stellschrauben fast auf eine Förderung von Null zurückdrehen. Bei einigen Apparaten stellen sich gerade an Dampfmaschinen gewisse Unsicherheiten ein. Bei den Ver-

---

[1] Steinitz-Wannsee: Versuche mit Druckölern. Mitt. Versuchsfeld f. Masch.-Elemente Techn. Hochschule Charlottenburg. München: R. Oldenbourg 1932.

Die Kolbendampfmaschine. 35

suchen ergab sich z. B., daß einige Apparate noch Ölmengen von weit unter 0,01 cm³ pro Förderhub und Schmierstelle sicher fördern, während andere Systeme von an sich gleichem Gebrauchswert bei 0,02 cm³ bereits unsicher werden. Bei Dampfmaschinenzylindern braucht man unter eine Einstellung von 0,05 cm³ pro Förderhub und Schmierstelle niemals herunterzugehen. Die höchsten zulässigen Umdrehungszahlen der Apparate sind von dem Hersteller zu erfahren, man wird jedoch günstigerweise immer wesentlich unter diesen Umdrehungszahlen bleiben können.

Bezüglich der Verlegung der Rohrleitungen und der Rückschlagventile ist zu sagen, daß die Rückschlagventile möglichst kühl angebracht werden sollen. Es ist vielfach noch üblich, die Rückschlagventile direkt auf den Zylinder zu setzen, jedoch hat sich gezeigt, daß das Zylinderöl hier zuviel Zeit hat, unter ungünstigen Temperaturverhältnissen in toten Ecken still zu stehen, und einzudicken, wodurch die Rückschlagventile versagen und Dampf bzw. Kondenswasser bis in den Schmierapparat zurückgedrängt werden kann. Bei einigen Systemen ergibt dies, besonders bei sparsamer Ölverbrauchseinstellung, Störungen. Zweckmäßig ist es, das Rückschlagventil in der Leitung etwa 500 mm vom Zylinder entfernt anzubauen und dann die Öl-

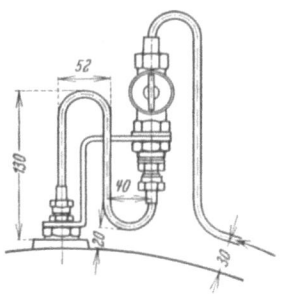

Abb. 4. Zweckmäßige Anbringung von Zylinderschmierleitung und Rückschlagventil am Dampfzylinder (Robert Bosch, A.-G. Stuttgart).

leitung entweder in einigen U-förmigen oder in kreisförmigen Schlingen zu führen, bevor sie an den Schmierapparat angeschlossen wird (Abb. 4).

Wahl der Zylinderschmierstellen. Über diesen Punkt besteht noch eine große Unsicherheit, da es leider trotz aller Bemühungen noch nicht möglich gewesen ist, planmäßige Versuche über Zylinderschmierung an einer neutralen Stelle durchzuführen. Einige führende Werke bringen das Zylinderöl an verschiedenen Stellen direkt auf die Kolbenlaufbahn, während andere nur einen Teil des Öles direkt dem Zylinder zuführen, einen anderen Teil entweder in den Einlaßventilen zerstäuben oder an irgendeiner Stelle der Frischdampfleitung einen Ölzerstäuber anbringen. Kritisch kann hierzu gesagt werden, daß für Sattdampfmaschinen die Ölzerstäubung in der Frischdampfleitung allein genügt, und daß hierbei auch eine besondere Stopfbuchsenschmierung unnötig ist. Bei Heißdampfmaschinen ist eine ge-

3*

mischte Anordnung vorzuziehen, d. h. man bringt einen Teil des Öles direkt in den Zylinder und zerstäubt einen anderen Teil in der Frischdampfleitung oder an den Einlaßventilen. Daneben erhalten die Stopfbuchsen etwas Öl, jedoch hat sich gezeigt, daß hier äußerst geringe Mengen immer ausreichen.

Zylinderölverbrauch. Für den spezifischen Zylinderölverbrauch von Kolbendampfmaschinen sind von Schmidt[1] sowie von Weiß[2] nach eigenen Beobachtungen empirische Formeln aufgestellt worden, die jedoch in der Praxis zum Teil recht unbrauchbare und vielfach sehr hohe Werte ergeben haben. Beide Formeln gehen von den richtigen Gedanken aus, daß man für den Ölverbrauch die Projektion der Zylinderfläche, den Kolben-

Abb. 5. Zylinderölverbrauch von Kolbendampfmaschinen.
— — — — Liegende ortsfeste Gegenstrommaschinen, Heißdampf.
— ·· — ·· — Liegende ortsfeste Gleichstrommaschinen, Heißdampf.
— · — · — · Stehende ortsfeste Maschinen, Heißdampf.
— ··· — ··· Stehende Schiffsdampfmaschinen, Sattdampf.
——————— Stehende Schiffsdampfmaschinen, Heißdampf.
Zwischen — — — und ——————— neuere Schiffsdampfmaschinen mit Ventilsteuerung.

hub und die Drehzahl als Veränderliche wählen muß, d. h. die pro Zeiteinheit von den Kolbenringen bestrichene Fläche.

Bessere Unterlagen gewinnt man, wenn man nach dem Vorbilde von Dr. Hilliger[3] Ermittlungen von anerkannt sparsamen Ölverbräuchen von Dampfmaschinen graphisch zusammenträgt. Die Abb. 5 ist nach Erfahrungen des Verfassers, welche an der bereits erwähnten großen Zahl von Maschinen in der Praxis gesammelt wurden, aufgestellt. Gegenüber den von Dr. Hilliger während des Krieges gewonnenen Unterlagen ergeben sich naturgemäß einige Unterschiede, die zum Teil durch veränderte Ölqualitäten, zunehmende Erfahrungen aller beteiligten Stellen und zum Teil durch die gestiegenen Überhitzungen zu erklären

---

[1] Geschäftsbericht des Württembergischen Revisionsvereins 1915, Stuttgart. Stuttgart: C. Wittwer 1916.
[2] Weiß, L.: Zylinderschmierung der Dampfmaschinen und Verbrennungsmotoren. Z. VDI Bd. 54 (1910) S. 144. — Schmierölvergeudung. Ebenda Bd. 60 (1916) S. 764.
[3] Hilliger: Die Schmierung der Dampfmaschinen. Techn. Ausschuß für Schmiermittelverwendung Berlin 1918.

Die Kolbendampfmaschine. 37

sind. Zu der Darstellung ist im einzelnen noch zu bemerken, daß die Kurve für Schiffsdampfmaschinen für normale Kolbenschiebersteuerungen gilt. In der letzten Zeit sind die Zylinderölverbräuche der Schiffsdampfmaschinen infolge Einführung der Ventilsteuerung und sehr hoher Überhitzung wieder etwas angestiegen, und werden zwischen Kurve ――― und ―――― liegen. Es ist aber anzunehmen, daß bei größerer Erfahrung die Verbräuche wieder sinken werden. Zu den Gleichstromdampfmaschinen ist noch zu bemerken, daß hier nur direkte Zuführung des Öles zum Zylinder ausgeführt wird, da bei Zerstäubung zuviel Öl mit dem Auspuff verloren gehen würde. Aus diesem Grunde ist der Ölverbrauch bereits recht hoch, ferner aber auch aus dem Grunde, weil bei der Gleichstrommaschine das Öl überhaupt recht rasch dem Auslaß zuwandert.

c) **Entnahme von Ölbildern.** Es ist noch zu wenig bekannt, daß es bei gewisser Erfahrung möglich ist, sich während des Betriebes ein ziemlich genaues Bild über den Schmierungszustand des Dampfmaschinenzylinders zu machen, und zwar durch Entnahme von sog. Ölbildern.

Ein Ölbild wird zweckmäßigerweise an einem Indikatorhahn genommen, der direkt auf den Stutzen aufgeschraubt wird. Dabei ist es am besten, wenn die Bohrung möglichst gerade zum Kompressionsraum durchgeht. Es gibt zwei Methoden, um ein Ölbild festzuhalten. Zunächst das Ölbild auf Zeichenpapier. Zu diesem Zweck muß man sich eine Vorrichtung machen (Ölbildhalter) auf der ein Bogen starken Papieres (z. B. Schöller-Hammer) etwa in den Abmessungen 15×15 cm sehr gut befestigt werden kann. Auf das aufgespannte Papier läßt man dann 10 Mal den Dampfstrom aus dem Indikatorhahn auftreffen. Vorher muß allerdings der Hahn etwa 20—30 Mal ausblasen, damit alle Rückstände aus der Bohrung sowie solche, die sich in der Nähe des Bohrungsaustrittes im Kompressionsraum ablösen, entfernt werden. Es würde sonst ein grundfalsches Bild entstehen. Naturgemäß sind bei Drücken über 12 atü und modernen Überhitzungstemperaturen gewisse Vorsichtsmaßnahmen nötig, um die Vorrichtung mit dem Papier am Hahn in Stellung zu halten, und gegebenenfalls muß man zur Bedienung Asbesthandschuhe verwenden.

Eine andere Methode, Ölbilder zu entnehmen, besteht darin, daß man den Dampfstrahl auf eine blanke Metallfläche auftreffen läßt, die in geeigneter Weise vor dem Indikatorhahn festgehalten wird. Hier hat man gegebenenfalls die Möglichkeit bis zu 100 Doppelhübe auf das Metall auftreffen zu lassen. Es entsteht dann ein

Niederschlag, den man chemisch untersuchen kann, was manchmal wertvoll ist. Die Aufbewahrung der Ölbilder ist bei dieser sonst ausgezeichneten Methode nicht so leicht möglich, da man sie erst auf Papier von dem Metall aus abklatschen muß.

d) Bewertung von Ölbildern. Ein dickes, sehr schwarzes und schmieriges Ölbild zeigt überreichliche Schmierung, jedoch trotzdem starke Abnutzung, und es ist ein schnelles Anwachsen von Ölrückständen zu erwarten. Die Gründe können verschiedenartiger Natur sein.

Ebenfalls anormal ist ein Ölbild, welches trocken und schwarz ist und worauf gar kein Öl zu spüren ist. Es deutet darauf hin, daß die Zylinderlaufbahn fast oder gänzlich trocken ist, und daß eine starke Materialabnutzung stattfindet. Die Gründe hierfür sind wiederum verschiedenartig.

Ein Bild, welches in der Farbe gelb bis hellbraun ist, zeigt eine normale Schmierung der Laufflächen an, und es ist auch mit normaler Laufzeit der Kolbenringe zu rechnen. Ein Bild, welches dunkelbraun bis schmierig ist, deutet auf überreichliche Schmierung. Naturgemäß gehört zur Auswertung solcher Ölbilder doch eine ziemliche Erfahrung, da ein bei gleicher Hubzahl aufgenommenes Bild gleicher Färbung nicht unbedingt auf ganz gleichen Schmierungszustand hindeutet. So macht es z. B. einen großen Unterschied, wie das Öl zugeführt wird. Wird nur der Dampf geschmiert, d. h. das Öl an irgendeiner Stelle der Zudampfleitung oder der Ventile zerstäubt, so ergibt sich schon bei ziemlich geringem Ölverbrauch ein verhältnismäßig kräftiges Ölbild. Wird dagegen ein großer Teil oder alles Zylinderöl auf die Gleitflächen gebracht, so ist eine etwas stärkere Ölförderung nötig, ehe ein kräftiges Ölbild erscheint. In diesem Fall kann man sich also mit einem sehr blassen Ölbild begnügen und doch auf reichliche Schmierung rechnen.

Sehr schwierig ist die Bewertung von Ölbildern, wenn nur ein Indikatorhahn vorhanden ist, der auf einem Verbindungsrohr zwischen den Stutzen in bekannter Weise unter Verwendung eines Umstellhahnes aufgesetzt wird. Sind hier schärfere Krümmungen in dem Rohr vorhanden, so werden die Ölbilder fast wertlos, da sich ein großer Teil des Öles gegebenenfalls mit dem Metallstaub an den Wänden des Rohres niederschlägt und in Form von dicken Tropfen aus dem Hahn austritt. Vor allen Dingen ist in diesem Fall sehr reichliches Ausblasen von mindestens 50 Hüben zu empfehlen.

Bei Sattdampfbetrieb hat die Entnahme von Ölbildern keinen Zweck, da der Dampf beim Auspuffen bereits kondensiert und

Die Kolbendampfmaschine. 39

kein richtiges Ölbild entsteht. Eine besondere Schwierigkeit ergab sich bei der Entnahme von Ölbildern an Heißdampflokomotiven. Es mußte hier zunächst eine besondere Vorrichtung geschaffen werden, um vom Führerstand aus sowohl die Indikatorhähne zu bedienen als auch den Papierwechsel vorzunehmen. Die Versuche wurden im Versuchswerk der Reichsbahn Berlin—Grunewald vorgenommen. Es ergaben sich zunächst merkwürdigerweise bei den verschiedenartigen Überhitzungen, und zwar zwischen 300 und 450° am Überhitzer gemessen, keine Ölbilder. Schließlich versuchten wir, das Durchblasen sehr zu verlängern, und es erwies sich, daß etwa 60 bis 100maliges Ausblasen des Hahnes nötig war, bevor sich ein Ölbild ergab. Naturgemäß mußte noch darauf geachtet werden, daß während des Ausblasens nicht der Dampf aus irgendeinem Grund abgestellt werden mußte. Der Vorgang ist auch für ortsfeste Maschienen unter Umständen lehrreich. Es fand nämlich durch den Fahrtwind und besonders noch während des Fahrens ohne Dampf eine starke Abkühlung der Hähne und Rohre statt, und diese mußten erst durch das Ausblasen stark angewärmt werden, ehe das Ölbild gelang.

e) **Betriebsstörungen und Dampfzylinderschmierung.** Bei Sattdampfmaschinen sowie Heißdampfmaschinen mit Überhitzungen bis zu 320° am Zylinder gemessen, sollten praktisch keine Rückstände auftreten, und trotzdem werden diese häufig beobachtet. Bei der Untersuchung ergibt sich fast immer, daß die Rückstände nicht etwa zum großen Teil asphaltartig sind, und aus dem Öl abgeschieden wurden, sondern daß sie zum überwiegenden Teil aus abgeriebenen Metallteilchen, eingedicktem Öl und Kesselsteinbildern bzw. Enthärtungsmitteln bestehen. Der Grund ist meistens in unreinem Dampf zu suchen. Bei Schäumen der Kessel werden feste Bestandteile des Kesselwassers mit in die Maschine gerissen, wo sie eine schmirgelnde Wirkung haben und mit dem abgeriebenen Metallteilchen und eingedicktem Öl die erwähnten Rückstände bilden. Beim Schäumen des Kessels unterliegt außerdem der Überhitzer einer schnellen Verzunderung, so daß auch hierdurch Metallteilchen in den Rückständen zu erklären sind. Naturgemäß kann auch eine gänzlich falsche Ölauswahl der Grund für starke Abnutzung und damit örtliche Erhitzung und Verkokung des Öles bilden, jedoch hat der Verfasser bei den erwähnten Dampfverhältnissen dies selten beobachtet. Diese seltenen Fälle betrafen merkwürdigerweise gerade Sattdampfmaschinen. Es wird der Fehler gemacht, rechte teuere Heißdampföle für Sattdampfbetrieb zu verwenden, ohne auf seine

Eigenart Rücksicht zu nehmen. Die Heißdampföle sind entweder so schwerflüssig, daß sie sich nicht verteilen oder sie sind reine Mineralöle, so daß sie von dem nassen Dampf fortgewaschen werden. Es haben sich einesteils verhältnismäßig leichtflüssige aber asphalthaltige Öle ganz gut bewährt. Lehnt man den Asphaltgehalt ab, so ist hierfür ein Gehalt an recht schwerflüssigen fetten Ölen vorteilhaft auszuwählen.

Leistungsverlust. Von vielen Seiten wird behauptet, daß gerade die Auswahl des Zylinderöles auf die Reibungsverhältnisse und damit naturgemäß auf die Leistung der Maschine einen großen Einfluß habe. Nun ist bekannt, daß kleinere Maschinen bei schlechter Schmierung festfahren, womit ein mechanischer Wirkungsgrad von Null erreicht wäre. Zwischen diesem Wert und normalen Wirkungsgraden sind alle Zwischenwerte möglich. Gerade die vorhin erwähnten Fälle, in denen Kolbenringe in 1000 Stunden abgenutzt waren, ergaben naturgemäß enorme Energieverluste. Ist die Abnutzung schon ziemlich weit fortgeschritten, so dichten auch die Kolbenringe nicht mehr, es ergibt sich eine wesentliche Diagrammverschlechterung, so daß die Leistung auch von dieser Seite her vermindert wird. Der Verfasser konnte jedoch niemals feststellen, daß ein Zylinderöl der bekannteren Firmen bei einigermaßen richtiger Auswahl durch seine Qualität an solchen Übelständen die Schuld trug, sondern es ergaben sich die bereits erwähnten Gründe.

f) Besondere Dampfverhältnisse und Sonderschmiermittel. Es sei nochmals betont, daß normaler Ölverbrauch, normale Abnutzungsverhältnisse und störungsfreier Lauf sich unter normalen Verhältnissen mit allen auf dem Markt befindlichen Zylinderölen der erfahreneren Lieferanten erzielen lassen. Besondere Verhältnisse treten ein, wenn zunächst der Dampf beim Eintritt in den Zylinder sehr weit über seine Sättigungsgrenze erhitzt ist. Die Verhältnisse werden noch ungünstiger, wenn durch Zylinderheizung oder durch die Wahl der Druckstufen in den einzelnen Zylindern gegen Ende des Hubes keinerlei Kondensation auftritt, wenn also der Dampf völlig trocken bleibt. Es sei bei dieser Gelegenheit erwähnt, daß überraschender Weise bei den sog. Hochdruck- und Höchstdruckmaschinen, d. h. Maschinen mit Eintrittsspannungen von 30—100 Atm. und Eintrittstemperaturen bis zu 400° mit normalen guten Zylinderölen keinerlei Betriebsschwierigkeiten aufgetreten sind. Wenigstens gilt dies für solche Fälle, wo wenig empfindliche Steuerungsteile vorhanden waren und wo gegen Ende des Hubes eine gewisse Kondensation auftrat. Bei anderen Hochdruckmaschinen sind allerdings große Schmie-

Die Kolbendampfmaschine. 41

rungsschwierigkeiten aufgetreten, die sich nur mit besonderen Ölen beheben ließen. Die gleichen Schwierigkeiten hat aber der Verfasser beobachten können, wenn verhältnismäßig niedrig gespannter Dampf sehr weit über seine Sättigungsgrenze erhitzt wurde und keine Kondensation im Zylinder beobachtet wurde. Ein solcher Fall war beispielsweise derjenige, wo in einer Zuckerfabrik eine Maschine mit 6 Atm. betrieben wurde und nachträglich eine sehr hohe Überhitzung durch Umbau des Kessels erzielt war. Dabei arbeitete die Maschine mit ca. 1,5 Atm. Gegendruck, so daß also der Dampf den Zylinder im überhitztem Zustande verließ. Auch hier war ein einwandfreier Betrieb nur mit besonderen Zylinderölen möglich. Für solche Zwecke haben sich bisher nur rein pennsylvanische Zylinderöle von sehr hohem Flammpunkt, und zwar 330—345° bei sehr geringem Asphaltgehalt bewährt. Diese Zylinderöle sind im Gegensatz zu normalen Zylinderölen keine Rückstandsöle, sondern richtige Destillate, und es wäre anzustreben, daß solche Zylinderöle durch eine sog. Siedekurve, die unter Vakuum aufzunehmen wäre, charakterisiert würden. Hierbei würde die Unterscheidung gegenüber handelsüblichen Zylinderölen viel leichter sein als bisher (s. S. 2).

Unter die anormalen Dampfverhältnisse fällt naturgemäß auch unreiner Dampf, welcher Kesselsteinbildner bzw. Enthärtungsmittel und Metallteile aus dem Überhitzer enthalten kann. Für solche Fälle haben sich stark gefettete Zylinderöle noch am besten bewährt, falls reiner Dampf nicht zu erzielen war. Die entstehenden Rückstände blieben dann weich und wurden mit dem Auspuff leichter abgeführt.

Die obenerwähnten pennsylvanischen Zylinderöle müssen etwa folgende Daten aufweisen:

Spezifisches Gewicht 0,902—0,905,
Zähigkeit bei 100° ungefähr 6,0,
Flammpunkt 340—350°,
Asphaltgehalt unter 0,05 %.

Öle dieser Art, besonders wenn sie kräftig gefettet waren, ließen auch unter sonstigen ungünstigen Verhältnissen, also schlechter Materialabstimmung zwischen Kolbenring und Zylinder, überhohen Anpressungsdrücken der Kolbenringe u. dgl. noch einen leidlich befriedigenden Betrieb zu.

g) Beispiele aus der Praxis. 1. Auswahl und Einstellung eines Schmierapparates für Zylinderschmierung. Für eine 500 PS liegende Verbunddampfmaschine mit Ventilsteuerung und Überhitzung von etwa 320° am Zylinder gemessen, soll der Schmierapparat ausgewählt und eingestellt werden.

Nach Abb. 5 (S. 36) legen wir einen spezifischen Ölverbrauch von 0,4 g je PS/Std. zugrunde. Dies ergibt 200 g Zylinderöl pro Stunde oder 1600 g pro Arbeitstag von 8 Stunden. Zweckmäßigerweise wählen wir einen Schmierapparat mit 8 Schmierstellen, welcher einen Arbeitstag gut ausreicht, und zwar werden hierfür Apparate mit etwa 4 l Ölinhalt angeboten. Wir führen 5 Ölleitungen zum Hochdruckzylinder, eine zu einem Zerstäuber in der Zudampfleitung und zwei zum Niederdruckzylinder. Von den Leitungen zum Hochdruckzylinder werden drei auf der Kolbenlaufbahn angeschlossen, und zwar in der Mitte in Abständen von 120°. Zwei Leitungen führen wir zu den Hochdruckstopfbuchsen. Die beiden übrigen Leitungen führen wir zum Niederdruckzylinder, und zwar zu den Einlaßventilen.

Der Antrieb wird nun so gewählt, daß der Schmierapparat etwa 4 Umdrehungen pro Minute macht, so daß pro Umdrehung etwa 0,85 g gefördert werden müssen. Die Einstellung der Pumpenelemente muß dann so vorgenommen werden, daß eine Stelle am Zerstäuber etwa 0,20 g erhält. Die 3 Schmierstellen an der Hochdruckzylinderlaufbahn erhalten je 0,10 g und die beiden Schmierstellen am Niederdruckzylinder ebenfalls 0,10 g. Es bleiben dann für die beiden Stopfbuchsen noch je 0,06—0,07 g übrig, was völlig ausreicht. Für die Einstellung ist noch wesentlich zu wissen, besonders wenn noch geringere Mengen pro Hub eingestellt werden, daß Öltropfen ganz rund gerechnet eine Größe von 0,03—0,025 cm^3 haben, d. h. es gehen etwa 30—40 Tropfen auf 1 g Öl.

2. **Schmierungsstörung an einer Gleichstromdampfmaschine von 800 PS in einem Zementwerk.** Eintrittsspannung 14 atü-Dampftemperatur 320—350° an der Maschine. Die Maschine zeigte trotz reichlicher Schmierung immer nur ein sehr blasses Ölbild. Der Ölverbrauch war bis zu 0,8 g pro PS/Std. also sehr reichlich, die Laufzeit der Kolbenringe war normal, und zwar über 15000 Betriebsstunden. Es ergaben sich nach Einführung eines Zylinderöles, welches für diesen Zweck als besonders geeignet von einer großen Lieferfirma vorgeschlagen wurde, immer nach sehr kurzer Zeit starke klebrige Rückstände an den Stopfbuchsen, die mehrfach zu Betriebsunterbrechungen geführt haben. Eine Verminderung der Ölzufuhr auf 0,6 g je PS/Std. ergab Abnutzungserscheinungen an den Kolbenringen und eine besondere Verminderung der Stopfbuchsenschmierung auch hier Abnutzung.

Die Übelstände verschwanden sofort nach Verwendung eines Zylinderöles einer kleineren Handelsfirma, allerdings einer älteren und sehr erfahrenen. Ein Vergleich der beiden Öle ergab einen

Die Kolbendampfmaschine. 43

sehr niedrigen Flammpunkt, bei dem zuerst benutztem Öl (285°), welches sich aber in der Tat unter ähnlichen Dampfverhältnissen an Wechselstromdampfmaschinen als ausreichend gezeigt hatte. Das später mit Erfolg benutzte Öl hatte einen Flammpunkt von 325°. Ein weiterer Versuch mit den beiden Ölen im Laboratorium ergab bei dem Öl mit dem höheren Flammpunkt einen geringen Gehalt an Bestandteilen mit sehr hohem Siedepunkt, während das Öl mit dem niedrigen Flammpunkt einen hohen Anteil von äußerst hochsiedenden rückstandbildenden Bestandteilen enthielt. Außerdem erwies sich das Öl mit dem niedrigeren Flammpunkt auch beim Laboratoriumsversuch als stärker veränderlich und zu Neubildungen neigend als das andere. Als Hauptursache der Anstände ergab sich, daß das Öl mit dem niedrigen Flammpunkt sich unter den ungünstigen Verhältnissen in den Stopfbuchsen der Gleichstrommaschine (hohe Kompression) zu schnell verändert.

3. **Je eine 400 PS und eine 600 PS Tandemverbundmaschine in einer chemischen Fabrik (Schmierungsstörung).** Eintrittsspannung 15 atü, Dampftemperatur stark wechselnd zwischen 320 und 370° an der Maschine. Es ergaben sich bei reichlichster Schmierung von etwa 1 g je PS/Std. — also bei Tag- und Nachtbetrieb beider Maschinen ca. 1 Faß pro Woche — stets sehr schwarze schmierige Ölbilder. Die Erhaltung der Kolbenringe war äußerst schlecht, und die Laufzeit wechselte zwischen 1000 und 1500 Stunden. Die Ringe waren dann von etwa 25 mm bis auf 10 mm abgelaufen und federten nicht mehr, so daß der Dampfverbrauch unerträglich anstieg.

Die Untersuchung der Gründe ergab eine große Reihe von zusammenwirkenden Schwierigkeiten. Zunächst waren die Fundamente der Maschinen nicht entsprechend dem schlechtem Baugrunde angelegt, so daß bei der Betriebsdrehzahl die Maschinen starke Schwankungen ausführten und Verbiegungen der Rahmen auftraten. Hieran war nichts zu ändern. Eine chemische Untersuchung der Ölbilder und Rückstände aus den Zylindern ergab sowohl Metallteile als auch Kesselsteinbildner und Alkalien, neben eingedicktem Öl. Die Kesselanlage erwies sich als zu klein, so daß während längerer Betriebsperioden mit übermäßiger Beanspruchung der Kessel gefahren werden mußte. Hierbei trat ein starkes Schäumen auf, und der Überhitzerstaub geriet in großem Umfange mit in die Maschine.

Eine weitgehende Besserung konnte zunächst durch Verbesserung des Speisewassers erzielt werden. Es ergab sich, daß in diesem Betriebe aus der Fabrikation eine große Menge Kondenswasser zur Verfügung stand, welches aber unbenutzt abgelassen wurde. Es wurde jetzt veranlaßt, daß dieses Kondenswasser zum Speisen der Kessel verwendet wurde, so daß kaum noch Frischwasser, welches sehr hart war, notwendig war. Es war so eine weitgehende Verminderung des Zusatzes von Enthärtungsmitteln möglich, und der Dampf wurde trotz Überlastung des Kessels, die nicht zu ändern war, ziemlich rein gehalten.

Eine weitere Verbesserung wurde dadurch erzielt, daß man diejenigen Zylinderschmierstellen stärker mit Öl versorgte, an denen nachweislich die Kolben anliefen. Ferner wurde ein gefettetes Zylinderöl rein pennsylvanischer Herkunft der obenerwähnten Daten vorgeschlagen. In diesem Falle gelang es natürlich nicht, einen normalen Betrieb zu erzielen, jedoch stieg die Laufzeit der Kolbenringe wenigstens auf 3000—4000 Std., so daß im Jahr 3—4 kostspielige Betriebsunterbrechungen und Maschinenüberholungen fortfallen konnten.

4. 1200-PS-Zwillingsdampfmaschine auf einer Braunkohlengrube und Brikettfabrik (Schmierungsstörung). Eintrittsdruck 13 atü, Dampftemperatur bis 330°, Gegendruck 1,5 atü (Trockentrommel). Die Betriebsverhältnisse waren hier insofern für die Zylinderschmierung schon etwas schwierig, als bei voller Überhitzungstemperatur der Dampf die Zylinder in nahezu völlig trockenem Zustande verließ. Wie bereits erwähnt, treten dann die größten Schwierigkeiten auf, wenn die ganze Expansion im Überhitzungsgebiet verläuft, wobei die Eintrittstemperatur gar nicht so erheblich ins Gewicht fällt. Dies war hier der Fall, und es mußte deshalb trotz der nicht übermäßigen Eintrittstemperatur bereits immer eine sorgfältige Auswahl des Zylinderöles etwa nach den obenerwähnten Daten erfolgen. Hiermit wurde eine leidlich normale Laufzeit der Kolbenringe, und zwar etwa 12000—15000 Std. erzielt. Nach der ersten Überholung des einen Zylinders, die durch die Baufirma vorgenommen wurde, zeigten sich trotz reichlicher Schmierung von etwa 0,6 g je PS/Std. trockene schwarze Ölbilder. Da gleichzeitig die Analysendaten des Zylinderöles etwas gewechselt hatten, schrieb man dies dem Zylinderöl zu, und wählte eine andere Marke von etwa gleichem Preis und ebenfalls von einer bedeutenden Firma. Der Flammpunkt war etwas niedriger. Hierbei schienen die Ölbilder zunächst normal zu sein, jedoch ergab sich nach einigen Tagen wiederum schlechte Schmierung und starke Abnutzung nach den Ölbildern. Die Kolbenringe waren jetzt nach 2000 Std. bereits um 5—6 mm abgenutzt, und ebenso zeigte der Zylinder eine bauchige Abnutzung in der Mitte bis zu etwa 3 mm. Die Untersuchung ergab jetzt, daß die Materialauswahl für die neuen Kolbenringe durch die

Die Kolbendampfmaschine. 45

Herstellerfirma ohne Berücksichtigung des Materiales der Zylinder erfolgt war. Die Kolbenringe waren viel zu hart. Es wurde beschlossen, ein Ausdrehen des Zylinders noch zu vermeiden und Kolbenringe zu wählen, die nur um einen ganz geringen Betrag weicheres Material hatten als der Zylinder. Hiermit wurden dann unter Verwendung beider vorher benutzter Zylinderöle ohne Fettzusatz, wie sie von mehreren Firmen zur Verfügung standen, normale Ölbilder bei einem Verbrauch von 0,4 g je PS/Std. erzielt, und die Laufzeit betrug bei den Kolbenringen bei der letzten Beobachtung, die der Verfasser ausführen konnte, bereits wieder 10000 Std., ohne Abnutzungserscheinungen.

h) **Dampfmaschinentriebwerke.** Das Triebwerk der Dampfmaschine kennzeichnet sich schmiertechnisch dadurch, daß sorgfältig bearbeitete und sorgfältig gewartete Weißmetallager vorhanden sind. Die Drücke betragen unter 20 kg in den Hauptlagern und unter 70 kg pro cm^2 in den Pleuellagern. Trotzdem die Verhältnisse etwas schwierig dadurch liegen, daß die Drücke wechseln oder umlaufen, sind die Beanspruchungen so niedrig, daß wesentliche Schmierungsprobleme bei den heutigen Materialien nicht mehr auftreten. Wenn auch die vollkommene Flüssigkeitsreibung im strengen Sinne nicht zu erzielen ist, so ist doch mit allen auf dem Markt befindlichen Maschinenölen der bekannteren Firmen, welche eine Zähigkeit zwischen 4 und 5,5° Engler bei 50° aufweisen, eine einwandfreie Erhaltung des Triebwerks möglich. Dies bedeutet, daß eine Abnutzung der Lagerschalen um etwa 0,5 mm am Pleuelzapfen nach ungefähr 5000 Betriebsstunden auftritt und daß eine Nacharbeit der Zapfen selbst kaum je in Frage kommt. Die weitaus größte Anzahl der Kolbendampfmaschinen, von denen praktisch nur liegende Bauarten in Frage kommen, ist dabei so ausgeführt, daß die Hauptlager eine Umlaufschmierung haben, welche aus einem kleinen Ölbehälter erfolgt, während Pleuellager und Gleitbahnen sowie Kreuzkopfzapfen durch Tropföler geschmiert werden. Der Maschinenölverbrauch ist dabei so eingestellt, daß etwa 1—2 g Öl pro PS/Std. durchläuft. Die Ölbewirtschaftung wird so durchgeführt, daß das Ablauföl für andere Zwecke verbraucht wird, und die Maschine immer frisches Öl erhält. Dieses Verfahren ist wenig zweckmäßig, besonders wenn das Ablauföl ohne weitere Belege ausgegeben wird. Besser ist es, das ganze Ablauföl in einem in der Nähe der Maschine aufgestellten Filter zu reinigen und immer wieder zu benutzen, wobei nur die unvermeidlichen Verluste ersetzt werden. Hierbei sind bei großer Betriebssicherheit bereits Verbräuche von 0,3 g je PS/Std. und darunter zu erreichen.

Es lohnt sich jedoch in allen Fällen auch ältere Maschinen auf Umlaufschmierung im Triebwerk umzubauen. An die Umlaufschmierung, wie sie meist ausgeführt wird, sind im allgemeinen Hauptlager, Pleuellager und Gleitbahn angeschlossen. Trotzdem in solchen Fällen der Durchlauf an Öl bedeutend erhöht werden kann, sinkt der Bedarf an frischem Öl ganz erheblich, und Dampfmaschinen mit zweckmäßig eingerichteter Umlaufschmierung erzielten Maschinenölverbräuche von 0,05 g je PS/Std. und weit darunter. Allerdings ist bei Umlaufschmierung eine etwas strengere Auswahl des Triebwerköles notwendig. Vor allen Dingen sind gefettete Öle, die sonst ganz gute Resultate ergeben, auszuscheiden, da der Zutritt von Wasser niemals auszuschließen ist, und gefettete Öle mit dem Wasser eine Emulsion bilden, so daß die ganze Ölfüllung unbrauchbar wird. Es sei bei dieser Gelegenheit eingeschaltet, daß für Schiffskolbendampfmaschinen immer noch sog. Marineöle mit etwa 25 % Rübölzusatz sehr beliebt sind. Der Grund ist der, daß man immer damit rechnet, die Lager bei Heißläufen mit Wasser bespritzen zu müssen. Hierbei bildet das gefettete Öl an den Lagern einen Kragen aus Emulsion und der Zutritt von Wasser in die Lager selbst wird verhütet.

Bezüglich der Ölauswahl bei Umlaufschmierung an ortsfesten Dampfmaschinen ist noch darauf zu achten, daß auch reine Mineralöle sich dem Wasser gegenüber in verschiedener Weise verhalten, und daß ein Öl für Umlaufschmierung möglichst nicht emulgierend sein soll.

Besondere Probleme treten noch dann auf, wenn durch Leitung von den Zylindern her sich hohe Rahmentemperaturen ergeben. Diese Temperaturen können so hoch werden, daß eine Ölkühlung in den Umlauf eingeschaltet werden muß. Vielfach ist dies aber versäumt, und es muß dann ein Öl gewählt werden, welches auch bei Temperaturen bis zu 60 oder 65°, die auf den eigentlichen Gleitbahnen noch höher sein können, eine genügende Zähigkeit behält. Hierfür werden sog. schwere Maschinenöle mit Zähigkeiten bis zu 2,5° Engler bei 100° C angeboten und für noch höhere Temperaturen, wie sie an sehr rasch laufenden Kapseldampfmaschinen auftreten, sog. leichte Zylinderöle von 3,0° E bis 3,8° E bei 100° C. Von diesen Ölen ist zu verlangen, daß sie sich auch bei längerer Wärmebeanspruchung nur unwesentlich verändern, und es ergeben sich ungefähr dieselben Anforderungen wie an Zylinderöle für Verbrennungsmotoren. In der Tat werden auch vielfach die gleichen Öle für beide Zwecke angeboten.

Die übrigen noch an dem Triebwerk vorhandenen Schmierstellen, also die Steuerwellenlager, Regler, Exzenter u. dgl., werden nicht an die Umlaufschmierung angeschlossen, sondern meist durch kleine Tropföler bedient. Vielfach findet man auch, daß sämtliche überhaupt vorhandenen Schmierstellen einschließlich der Haupt- und Pleuellager an große Zentralöler mit sehr vielen Schmierstellen angeschlossen werden. Hierbei ergibt sich jedoch meist ein zu hoher Ölverbrauch, da man viele Schmierstellen nicht ihrem äußerst geringem Verbrauch entsprechend einstellen kann und sich ein etwas zu hoher Gesamtölverbrauch infolge des unvermeidlich verloren gehenden Ablauföles ergibt. Außerdem wird eine solche Anlage, wenn sie zweckmäßig eingerichtet sein soll, teurer als eine Umlaufschmierung.

Es wird noch zu wenig beachtet, daß bei dem geringen Schmiermittelverbrauch der Nebenstellen hier auch Fettschmierung sehr zweckmäßig ist. Insbesondere bei Verwendung moderner Fettbuchsen, welche das Fett durch Luftdruck zuführen (Conrad-Buchsen) oder „Falz-Buchsen" hat der Verfasser ausgezeichnete Resultate erzielt.

Betriebsstörungen an Dampfmaschinentriebwerken sind aus verschiedenen Gründen äußerst selten. Bei Tropfschmierung sind solche Störungen, an denen die Ölauswahl die Schuld getragen hätte, überhaupt nicht beobachtet worden. Die Gründe für Schmierungsstörungen wurden darin gefunden, daß durch Umbauten manchmal Lagerüberlastungen entstanden oder daß solche Lagerüberlastungen (Kantenpressungen) durch Verzerrungen des Rahmens u. dgl. auftraten. In ganz seltenen Fällen waren bei Ausgießen der Lagerschalen falsch angeordnete Schmiernuten angebracht worden, so daß das zugeführte Öl überhaupt keinen Film ausbilden konnte.

Die Störungen an Umlaufschmierungen sind nach dem oben Gesagten leicht aufzuklären. Neben Wasserzutritt oder ungeeigneter Ölauswahl bei hohen Rahmentemperaturen bestand ein häufiger Grund für Störungen darin, daß außer dem Wasser noch Zylinderöl von den Stopfbuchsen her seinen Weg in das Umlauföl fand. Während kleinere Mengen Zylinderöl ohne Schaden aufgenommen werden, wird durch den Zutritt größerer Mengen das Umlauföl zu stark eingedickt, so daß es dann bei niedrigen Außentemperaturen nicht richtig gefördert wird, oder bei Wasserzutritt die Emulsionsgefahr vergrößert. Für solche Fälle war mitunter der Einbau von Hilfsstopfbuchsen oder Abweisblechen geeigneter Form am vorderen Ende der Kreuzkopfgleitbahn erforderlich, so daß das Ablauföl von der Stopfbuchse getrennt aufgefangen werden konnte. Nach Einbau solcher Vorrichtungen wurden dann alle Störungsmöglichkeiten ausgeschaltet.

2. Der ortsfeste Verbrennungsmotor.

a) Zylinderschmierung. Ähnlich wie im Dampfzylinder soll im Zylinder des Verbrennungsmotors das Öl zwischen Kolbenring und Zylinderwand die metallische Reibung aufheben. Daneben findet jedoch bei Verbrennungsmotoren bei der Bauart mit Tauchkolben auch ein Gleiten des Kolbens selbst auf den Zylinderflächen statt, und es muß sich auch zwischen Kolben und Zylinderwand ein Ölfilm ausbilden. Bei Verbrennungsmotoren in Kreuzkopfbauart treten ungefähr dieselben Verhältnisse auf bezüglich des Anlaufens des Kolbens selbst wie bei der Dampfmaschine.

Liegen die Verhältnisse für die Ausbildung eines zusammenhängenden Schmierfilmes im Dampfmaschinenzylinder schon ungünstig, so tritt dies bei Verbrennungsmotorenzylindern noch mehr hervor. Man hat auch hier versucht, durch besondere Formen von Kolbenringen einen keilförmigen Schmierfilm zu schaffen, jedoch ist dies wegen der meist geringen Abmessungen der Kolbenringe und Kolben selbst nie gelungen. Hierzu kommt noch, daß im Verbrennungsraum eines jeden Motors Temperaturen auftreten, die mit Sicherheit über 1200^0 hinausgehen, während die Wandungstemperaturen noch einen Millimeter unter der Oberfläche zwischen 250 und 350^0 betragen. Die Temperaturen an der Kolbenoberfläche liegen über 300^0 und steigen bis zu 450^0. Unter diesen Verhältnissen wird bei jedem Hube dasjenige Öl, welches an den Wänden des Verbrennungsraumes bzw. an der Zylinderlaufbahn während des Expansionshubes haftet, zu einem großen Teil verdampfen und die Dämpfe werden verbrennen. Es muß also bei jedem Hube ein fast völlig neuer Ölfilm ausgebildet werden. Die Praxis zeigt deswegen auch, daß die Abnutzungsgeschwindigkeit von Kolbenringen und Zylinderlaufbahnen bei Verbrennungsmotoren bedeutend größer ist als bei der Dampfmaschine. Die größten Laufzeiten, welche der Verfasser an Kolbenringen beobachten konnte, waren etwa 15000 Std.

Die Beobachtung betraf einen Motor von 300 mm Bohrung, bei dem die Kolbenringe nach dieser Zeit um etwa 5 mm abgenutzt waren. Es entspricht dies einer Abnutzung von etwa 0,00035 mm pro Stunde. Den Zustand muß man bereits als ziemlich unvollkommene Schmierung betrachten. Vielfach sind aber viel höhere Abnutzungsgeschwindigkeiten bis hinauf zu 0,001 mm pro Stunde zu beobachten und werden als normal betrachtet. Größer sollten jedenfalls die Abnutzungsgeschwindigkeiten an Dieselmotoren und Großgasmaschinen, welche vor allem betrachtet werden

Der ortsfeste Verbrennungsmotor. 49

sollen, nicht werden. Bezüglich Materialauswahl und Ringenordnung gilt ungefähr dasselbe, wie für Kolbendampfmaschinen, d. h. der Ring soll etwas weicher sein als die Laufbuchse und bei größeren Ausführungen sollen die Anpressungsdrücke nicht übermäßig hoch werden, Die Art des Öles spielt bei der Abnutzung von Verbrennungsmotorenzylindern sicherlich eine gewisse Rolle, jedoch wird dies vielfach übertrieben und zahlenmäßige Unterlagen hierüber sind nicht vorhanden.

b) Die Zuführung des Zylinderöles. Schmierapparate und Zylinderölzuführung. Es wird meist angenommen, daß ein Schmierapparat für die Zylinderschmierung von Verbrennungsmotoren immer einen höheren Druck aushalten muß, als ein solcher für Dampfmaschinen. Dies ist jedoch nur in beschränktem Maße der Fall, da man die Öleinführungsstutzen möglichst so anbringt, daß sie vom Kolben dauernd überdeckt sind. Es kommt also als wirksamer Gegendruck höchstens 10 Atm. in Frage. Nur bei doppelt wirkenden Zweitaktmotoren ist es unmöglich, die Öleinführungen in der beschriebenen Weise anzubringen, da hier nur eine schmale Mittelzone des Zylinders dauernd vom Kolben bedeckt wird. Es ist dann aber darauf zu achten, daß sich über den Auspuffschlitzen keine Ölzuführungen befinden, da sonst ein großer Teil des Öles unbenutzt in den Auspuff gelangt. Hier ist dann für die Schmierapparate also der volle Verdichtungsdruck zugrunde zu legen, damit die Ölförderung mit Sicherheit durchgeführt wird. Aus Herstellungsgründen liefern allerdings die Hersteller von Schmierapparaten für Dieselmotorenschmierung praktisch die gleichen Apparate wie für Dampfmaschinenschmierung.

Hubtaktschmierung. Bei allen doppelt wirkenden Verbrennungsmotoren besteht der Wunsch, das Zylinderöl dann in den Zylinder zu fördern, wenn der Kolben die Zuführungsbohrungen überdeckt. Man glaubte zunächst, daß dies Problem leicht lösbar sein müßte, da man ja auch die kleinen Brennstoffmengen zeitlich genau mit der Brennstoffpumpe einspritzen muß. Eine einfache Überlegung zeigt, daß die pro Hub einzuspritzenden Ölmengen viel kleiner sind als die Brennstoffmengen und außerdem hat man bisher noch nie versucht, ein Rückschlagventil direkt in die Zylinderwand zu legen, so daß von der Mündungsstelle bis zum Rückschlagventil eine verhältnismäßig lange Leitung durch den Kühlmantel hindurch vorhanden ist. Die Ölsäule in dieser Leitung verschiebt aber zeitlich den Einspritzvorgang. Einige führende Firmen haben deswegen die Hubtaktschmierung schon vollkommen verlassen und andere Firmen sind mehr gefühlsmäßig bei dieser Art der Zuführung geblieben.

Beim Anbau der Schmierapparate ist zu beachten, daß die Dieselmotoren durchweg eine höhere Drehzahl haben als die Dampfmaschinen, und daß man zwecks sparsamer Einstellung den Schmierapparat nicht zu schnell laufen lassen soll. Hier konnte der Verfasser noch öfter kleine Anstände beobachten. Es muß nochmals darauf hingewiesen werden, daß eine Einstellung auf sehr geringe Fördermenge bei den Schmierapparaten nicht so vorteilhaft ist, als geringe Drehzahl und eine Einstellung auf größere Fördermenge pro Hub des Apparates.

Zylinderölverbrauch. Für den spezifischen Zylinderölverbrauch von Verbrennungsmotoren ist noch keine Berechnung

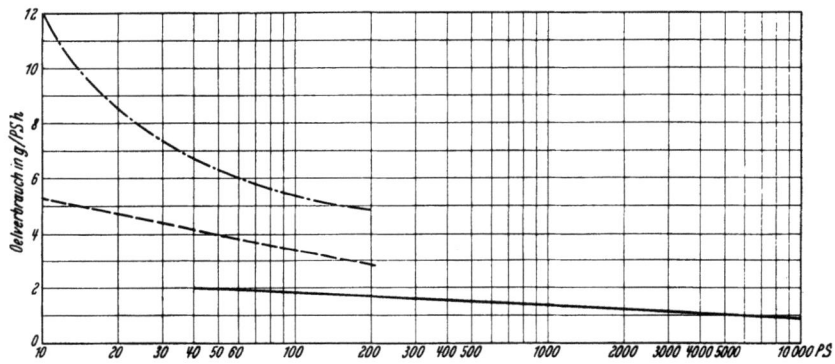

Abb. 6. Ölverbrauch von Dieselmotoren und Gasmaschinen.
—·—·— Zweitaktmotoren mit Kurbelkastenspülung und Frischölschmierung für Kolben.
—————— Motoren mit gesonderter Zylinderschmierung.
— — — — Viertaktmotoren mit Druckumlaufschmierung für Triebwerk und Spritzschmierung für Kolben.

versucht worden, und es finden sich auch in der Literatur nur ungenaue Angaben. Die dargestellte Kurve (Abb. 6) ist nach zusammengetragenen Beobachtungen des Verfassers aufgestellt, die mehrere 100 Dieselmotoren betreffen. Man findet in der Praxis jedoch meist viel höhere Verbräuche, und zwar bis zu 4 g pro PS/Std. auch bei größeren Motoren, welche hauptsächlich für die Zylinderschmierung verbraucht werden. Der Verbrauch muß natürlich immer höher sein, als der einer Kolbendampfmaschine, da eben bei jedem Hube etwas Öl verbrennt. Zur Einstellung des Ölverbrauches, welcher natürlich nur dort einwandfrei möglich ist, wo sich eine besondere Zylinderschmierung findet, gehört eine sehr große Erfahrung, da leider eine Beobachtung des Laufes der inneren Teile während des Betriebes etwa durch Entnahme von Ölbildern o. dgl. nicht möglich ist. Eine kleine Handhabe

Der ortsfeste Verbrennungsmotor. 51

bietet sich bei Tauchkolbenmaschinen durch das Aussehen des herauskommenden Teiles des Kolbens während des Betriebes. Große Vorsicht ist bei der Bewertung des Schmierungszustandes von ausgebauten Kolben erforderlich. Nach den Erfahrungen des Verfassers ist es am zweckmäßigsten, den Motor erst völlig abkühlen zu lassen, ehe man den Kolben ausbaut. Wird der heiße Kolben an die Luft gebracht, so verdampfen die kleinen Ölmengen sehr rasch und es wird vielfach ein Öl, welches keine Rückstände ergibt, das falsche Bild eines trocken laufenden Kolbens hervorrufen.

c) **Betriebsstörungen und Zylinderschmierung.** Von den Herstellern hochwertiger Öle für Verbrennungsmotorenzylinder wird vor allen Dingen eine Verminderung des Verbrauches sowie der Abnutzung als Hauptvorteil angegeben. Es sind aber, wie erwähnt, wirklich beweiskräftige Versuche bezüglich der Zylinderschmierung noch von keiner Seite abgeschlossen. Die in Abb. 6 vom Verfasser angegebenen Verbräuche konnten mit allen in Frage kommenden Ölen der bekannteren Marken erzielt werden. Selbstverständlich sind auch Fälle beobachtet worden, wo eine völlig falsche Ölauswahl stattgefunden hatte.

Ölauswahl. Leider ist nach den bestehenden Tabellen eine zweckmäßige Ölauswahl für Verbrennungsmotorenzylinder und vor allen Dingen eine Unterscheidung hochwertiger und weniger geeigneter Öle nicht möglich. Die ,,Richtlinien'' bringen Verbrennungsmotorenzylinderöle unter drei verschiedenen Überschriften, und zwar als Dieselmotorenzylinderöl, Kleingasmaschinenöl und Großgasmaschinenöl. Versucht man nun nach diesen Tabellen ein Öl auszuwählen, so sieht man, daß man ganz minderwertige asphalthaltige dunkle Maschinenöle kaufen könnte, ohne gegen die Werte der entsprechenden Tabellen zu verstoßen. Bezüglich des Flammpunktes entsprechen alle angebotenen Öle für Verbrennungsmotoren den Anforderungen, und zwar liegen die Flammpunkte der besten Öle zwischen 180 und 250°. Die Angabe der Zähigkeit bei 50° C allein hat überhaupt keine Bedeutung und es ist im allgemeinen nur zu fordern, daß die Zähigkeit bei 100° bei allen Verbrennungsmotorenölen nicht unter 1,5 sinkt. Als vorteilhaft unter sonst gleichen Verhältnissen haben sich Öle gezeigt, deren Zähigkeit zwischen 100° und 50° am wenigsten zunimmt. Es brauchen dies nicht gerade pennsylvanische Öle zu sein, da sich die Zähigkeitskurve auch bei anderen Ölen in genügender Flachheit erzielen läßt. Sehr wichtig ist es, mit allen Verbrennungsmotorenölen, an welche man größere Anforderungen stellt, eine Erhitzungsprobe zwecks Feststellung von Neubildung asphaltartiger Stoffe zu machen, wie auf S. 6 angegeben. Destillate mit Asphaltgehalt schließen sich dann von selbst aus, wenn man, wie es zweckmäßig ist, eine Neubildung von asphaltartigen Stoffen von nicht über 0,3 % nach 50 stündiger Erhitzung auf 150° vorschreibt.

Rückstandsbildung. Eine der am häufigsten beobachteten Störungen bei Verbrennungsmotoren ist die Rückstandsbildung im Verbrennungsraum auf den Kolbenböden an den Zylinderwänden und Auspuffventilen. Die Untersuchung der Rückstände ergibt meist einen geringen Gehalt an Koks neben stark eingedicktem Öl. Der hauptsächlichste Grund für Rückstandsbildung ist in überreichlicher Ölzufuhr zu suchen. Dabei gilt als anormale Zunahme der Rückstände, wenn diese nach weniger als 2000 Betriebsstunden bereits 5 mm oder darüber in ihrer Stärke erreicht. Ganz rückstandssichere Öle gibt es nicht, jedoch scheinen die Rückstände, die sich zu bilden beginnen, bei richtiger Ölzufuhr wieder in gleicher Menge abzubrennen, wie sie sich bilden. Jedenfalls hat der Verfasser Motorenzylinder gesehen, welche auch nach 8000 Betriebsstunden noch keine merkliche Rückstandsbildung zeigten. Öle mit einem hohen Gehalt an Zylinderölstocks neigen unter sonst gleichen Verhältnissen etwas mehr zur Rückstandsbildung als andere und es ist deswegen ein Fehler auf hohen Flammpunkt Wert zu legen. Die geringste Neigung zur Rückstandsbildung zeigen wiederum reine Destillate (s. S. 9) im Gegensatz zu solchen Ölen, die aus Maschinenöl und Stocks gemischt sind. Eine flache Zähigkeitskurve gibt hier einen guten Hinweis auf die Herstellung nur durch Destillation. Eine besondere Ölauswahl, getrennt nach Großgasmaschinen, Kleingasmaschinen und Dieselmotoren ist nicht erforderlich, da die gleichen Öle die für einen Zweck gut geeignet sind, sich immer auch für den anderen Zweck bewährt haben.

Eine besondere Berücksichtigung verlangen lediglich solche Großgasmaschinen, bei denen das Gas trotz aller Maßnahmen einen gewissen Staubgehalt aufweist. Bei Betriebsstörungen an Großgasmaschinen ist überhaupt große Vorsicht am Platze, ehe man dem Zylinderöl die Schuld gibt. Es hat sich gezeigt, daß erstens der Staub häufig in größerer Menge in die Zylinder gelangt als zunächst angenommen wurde, ferner aber daß sich häufig teerige Bestandteile aus dem Gas insbesondere bei der Expansion abscheiden. Tritt der Staubgehalt mehr in Erscheinung, so ist nach den Erfahrungen des Verfassers eher ein etwas dickflüssigeres Öl, und zwar bis zur Zähigkeit von 2,3 bei 100° am Platze. Sind jedoch teerige Bestandteile für den Betrieb kennzeichnend, so soll

Der ortsfeste Verbrennungsmotor. 53

man sich eher der unteren Grenze der Zähigkeiten in der beigegebenen Tabelle nähern und kann bis zum Wert von 1,3 bei 100 heruntergehen.

d) Verbrennungsmotorentriebwerke. Das Triebwerk des Verbrennungsmotors ist schmiertechnisch dadurch gekennzeichnet, daß wiederum an den hauptsächlichsten Schmierstellen sehr sorgfältig bearbeitete und besonders bezüglich des Materials sorgfältig gebaute Weißmetallager vorhanden sind. Die Höchstdrücke betragen etwa 30 kg pro cm^2 in den Hauptlagern und unter 70 kg/cm^2 in den Pleuellagern. Bedeutend höhere Drücke, und zwar bis zu 120 kg pro cm^2 treten an den Kolbenbolzen der Tauchkolben auf. Hier sind schon wegen der Temperaturverhältnisse keine Weißmetallager zu verwenden, und man findet durchweg Bronzebuchsen auf geschliffenen Zapfen laufen. Die vollkommene Flüssigkeitsreibung im strengen Sinne herrscht schon wegen der vielen Druckwechsel und plötzlichen Drucksteigerungen nicht, jedoch ist eine einwandfreie Erhaltung mit allen auf dem Markt befindlichen Maschinenölen der erfahrenen Firmen zu erzielen. Die Abnutzungsgeschwindigkeiten brauchen nicht größer zu sein, als an Kolbendampfmaschinen — also wieder etwa 0,5 mm am Pleuelzapfen nach 5000 Betriebsstunden. Etwa die doppelte Abnutzungsgeschwindigkeit muß man am Kolbenbolzen bei Tauchkolbenbauart zulassen.

Verschiedene Schmierungssysteme. Bisher wurden nur solche Motoren von etwa 100 PS aufwärts zugrunde gelegt, welche eine getrennte Schmierung des Triebwerkes und der Zylinder vorsehen. Dabei ist die Anordnung bei älteren Bauarten meist so getroffen, daß die Grundlager Ringschmierlager sind, während Pleuelzapfen und Kolbenbolzen durch eine besondere Umlaufschmierung versorgt werden. In der Praxis wird die Schmierung dann meist so gehandhabt, daß man abwartet, bis das Öl sich schwärzt. Hierauf ersetzt man einen Teil des Öles durch frisches Öl und verkauft das geschwärzte Öl als Ablauföl oder verwendet es für untergeordnete Zwecke. Dieses Verfahren ist sehr unzweckmäßig, und es ergeben sich dabei Maschinenölverbräuche von über 2 g pro PS/Std. Man muß zunächst wissen, daß die Schwärzung des Öles von dem Tropföl herrührt, welches von den Kolben herabläuft und Ruß aus dem Verbrennungsraum mitbringt. Ganz entfernen läßt sich dieser Ruß aus dem Öl mit den Mitteln des normalen Betriebes nicht, jedoch kann man das Umlauföl voll wiederverwendungsfähig machen, wenn man sehr große Ölmengen in den Umlauf bringt, und besondere Tanks benutzt, in denen das Öl absteht, bevor es wieder in den Umlauf gelangt.

Der Verfasser konnte beobachten, daß bei der Neuanlage von Dieselmotoren hier am falschen Ende gespart wird. Der Platz für die großen Abstehtanks läßt sich immer in der Nähe des Motors schaffen (Abb. 7). Naturgemäß ist es dann zweckmäßig, ein Einheitsöl für Zylinder und Triebwerk trotz getrennter Schmiervorrichtungen zu verwenden, und zwar stehen solche Öle mit einer Zähigkeit von 1,5—2,0 Engler/100 in großer Auswahl zur Verfügung. Dabei ergeben sich wiederum die größten Vorteile bei Ölen mit flacher Zähigkeitskurve, d. h. solchen, die gleichzeitig bei 50^0 nicht zäher als $10,0^0$ E im Höchstfalle sind. Höhere Zähigkeiten werden zwar vielfach angeboten und für wertvoller gehalten, jedoch ist dies ein Vorurteil. Bringt man recht große Ölmengen in den Umlauf und sorgt für entsprechende Absetztanks, so entfällt auch die Möglichkeit der Betriebsstörungen durch Kühlwasser im Öl. Ist keine Kolbenkühlung vorhanden, so ist zwar die Fernhaltung des Wassers aus dem Öl ziemlich leicht, jedoch zeigt die Praxis, daß oft die Dichtungen der Laufbüchse nicht rechtzeitig erneuert werden, und daß auch gewisse Mengen von Schwitzwasser auftreten, die ihren Weg in das Öl finden. Viel größer werden die Schwierigkeiten bei Kolbenkühlung, da hier das Kühlmittel durch Gelenkrohre oder Posaunenrohre den Kolben zugeführt werden muß. Es ist hier trotz aller Mühe nicht möglich, das Kühlwasser vom Öl fernzuhalten. Da Seewasser sehr ungünstig auf das Öl einwirkt, hilft man sich auf Seeschiffen schon so, daß man zur Kolbenkühlung Süßwasser und nur für die Zylinder usw. Seewasser verwendet. Vor allen Dingen finden wir auf Seeschiffen ausgezeichnete Behandlung des umlaufenden Öles (Abb. 6). Verschiedene Konstruktionen benutzen auch Öl zur Kolbenkühlung, jedoch besteht dabei wieder die Gefahr der Verkrustungen. In allerjüngster Zeit finden Versuche statt, die Posaunenrohre und

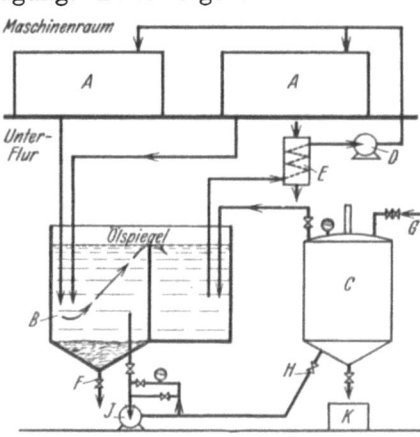

Abb. 7. Umlaufsystem zur Reinigung von Verbrennungsmotorenöl.
(Deutsche Vacuum-Öl-A.G., Hamburg.)

A = Motoren.
B = Absetztank.
C = Filter.
D = Reinölpumpe.
E = Ölkühler.
F = Schlammablaß.
G = Druckluftanschluß.
H = Absperrventil.
J = Schmutzölpumpe.
K = Schlammbehälter.
C, E, G, J, H, K fallen bei einfacheren Anlagen fort.

Gelenkrohre bei Kolbenkühlung mit Wasser durch konsistente Fette zu schmieren, welche durch besondere Schmierapparate zugeführt werden. Diese Lösung ist sehr aussichtsreich.
Druckumlaufschmierung bei kleinen Dieselmotoren. Bis zur Stärke von etwa 100 PS werden in den letzten Jahren die Dieselmotoren ohne besondere Zylinderschmierung geliefert, und sind nur mit einer Druckumlaufschmierung für das Triebwerk ausgerüstet. Meist, aber nicht immer, ist an diese Schmierung der Kolbenbolzen mit angeschlossen, in welchem Falle eine Ölleitung an der Pleuelstange hinaufgeht. Es sind dies alles kompressorlose Dieselmotoren, bei denen durch Fortfall des Zylinderschmierapparates noch eine besondere Verbilligung angestrebt wird. Die Kolben und Zylinder erhalten bei dieser Bauart nur das Öl, welches von den umlaufenden Triebwerksteilen abspritzt und in Form eines feinen Nebels das Maschinengehäuse erfüllt. Es ist sehr zweifelhaft, ob es nicht im Interesse des Ölverbrauches zweckmäßiger wäre, eine besondere Zylinderschmierung anzubringen, da die Ölverbräuche solcher Motoren ganz ungemein hoch sind. Es ist noch wenig bekannt, wie man die Menge des an die Kolben gelangenden Öles regulieren kann, und hier liegt natürlich der Verbrauch, da das an die Kolben gelangende Öl zum großen Teil in den Verbrennungsraum gefördert wird und verbrennt. Die Ölverbräuche solcher Motoren schwanken in den Grenzen von 2—10 g pro PS/Std. und es ist hierbei durch die Maschinenbesitzer kein Einfluß auf den Ölverbrauch möglich.

Zwecks Erhaltung des Motors ist es nützlich, jeden Tag eine kleine Menge Öl aus dem Kurbelgehäuse abzulassen und durch frisches zu ersetzen. Über die Veränderung des Öles im Kurbelgehäuse wird in dem Absatz über Kraftwagenmotoren ausführlich gesprochen werden.

Verdichter der Dieselmotoren. Eine große Reihe von Motoren ist noch mit Einblaseluftpumpen ausgestattet, welche Druckluft bis zu etwa 60—70 Atm liefern. Über die Verdichterschmierung wird später ausführlich gesprochen werden, und es sei hier nur soviel gesagt, daß wirklich gute Öle für Dieselmotoren und Großgasmaschinen sich ohne weiteres immer für Verdichter eignen. Es werden auch vielfach Öle derselben Daten von den bekannten Firmen für beide Zwecke angeboten.

e) **Einige Sonderschmiermittel.** Es muß erwähnt werden, daß von einigen Seiten gefettete Öle für die Dieselmotorenschmierung angeboten werden. Da diese Öle bei hohen Temperaturen verhältnismäßig zähflüssig und schmierfähig bleiben, sind sie an sich für die Zylinderschmierung gut geeignet und auch bei der Lagerschmierung ergeben sie eine große Sicherheit gegen Abnutzung bei den plötzlichen Drucksteigerungen im Triebwerk. Leider ist es aber im Dieselmotorenbetrieb nur in ganz besonderen Ausnahmefällen möglich, das Wasser völlig von diesen Öle getrennt zu halten. Diese Öle bilden dann Emulsionen und das ganze Umlauföl wird unbrauchbar. Die Mineralölwerke Rhenania-Ossag (Shell) empfehlen deshalb ihr Voltol-Gleitöl nicht für Verbrennungsmotoren.

Eine andere Möglichkeit besteht im Zusatz von kolloidem Graphit zum Zylinderöl bzw. Triebwerksöl. Besonders zur Zylinderschmierung dürfte sich der Graphit ausgezeichnet eignen, da er die Neigung hat, die infolge der Abnutzung aufgerissenen Poren des Gußeisens immer wieder auszufüllen. Jedoch ist zur Zeit, wo diese Zeilen geschrieben werden, ein abschließendes Urteil noch nicht möglich, da die Frage der Rückstandsbildung im Zylinder sowie die Frage des Ausflockens des Graphites in den Behältern der Triebwerksschmierung noch nicht gelöst ist.

3. Die Dampfturbine.

Eigentliche Schmierungsprobleme sind bei der Dampfturbine nicht vorhanden. Man kann die Lager so groß halten, daß mit Ölen von verhältnismäßiger geringer Schmierfähigkeit ein dauerhafter Ölfilm durch die Drehung der Welle selbst erzeugt wird. Wahrscheinlich ist an allen Dampfturbinen im Betriebszustand volle Flüssigkeitsreibung vorhanden und die Abnutzungserscheinungen sind dementsprechend während des Betriebes praktisch nicht vorhanden. Nur während der ersten Sekunden des Anfahrens tritt halbflüssige Reibung auf und wahrscheinlich entstehen auch bei dieser Gelegenheit die einzigen wirklichen Abnutzungen.

Man kann jedoch die Lager nicht so groß machen, daß die durch Reibung erzeugte Wärme durch Strahlung an die umgebende Luft oder die Eisenteile durch Leitung abgeführt werden kann. Dies ist um so weniger möglich, als den Lagern auf der Hochdruckseite von Eingehäuseturbinen und allen Lagern der Hochdruckteile von Mehrgehäuseturbinen sowie von Gegendruck Turbinen große Mengen von Wärme noch zugeleitet oder zugestrahlt werden. Nachdem man früher versucht hat, nur geringe Ölmengen in Form einer Umlaufschmierung für die Lager zu verwenden, und die Wärme durch Wasserkühlung der Lager abzuführen, ist man heute hauptsächlich aus Gründen der einfachen Bauart dazu übergegangen, überall nur das Öl umlaufen zu lassen und die Ölmengen

Die Dampfturbine. 57

so groß zu wählen, daß hiermit sowohl Reibungs- als auch Leitungs- und Strahlungswärme aus den Lagern abgeführt werden kann. Wie bereits erwähnt, sind bezüglich der Schmierfähigkeit infolge der geringen auftretenden Lagerdrücke und der vollkommenen Bauausführung die Anforderungen an das Öl verhältnismäßig gering. Dagegen wird die Beanspruchung des Öles dadurch ziemlich groß durch die wechselnden und in den Lagern manchmal recht hohen Temperaturen. Das umlaufende Öl enthält stets mehr oder weniger Luft, die bei höheren Öltemperaturen die Neigung hat, das Öl zu oxydieren. Die Oxydationsmöglichkeit ist deshalb besonders groß, weil die Ölschicht in den Lagern sehr dünn und die Luft sehr fein verteilt im Öl vorhanden ist. Bei der feinen Verteilung der beiden Körper ist daher die Neigung zu chemischen Umsetzungen besonders groß. Die Oxydation wird oft eingeleitet dadurch, daß feste Verunreinigungen wie Eisenoxyde, Staub und Schmutz von Anfang an im Umlauf vorhanden sind oder durch irgendwelche Umstände während des Betriebes hineingelangen. Noch lebhafter wird natürlich die Oxydation vor sich gehen, wenn die Temperatur des Öles im Umlaufsystem hoch ist. Als normale Lagertemperaturen kann man etwa 60° bezeichnen, während Temperaturen bis 80° nichts Außergewöhnliches sind, entsprechend einer Lagerübertemperatur d. h. Unterschied zwischen Lager- und Raumtemperatur von 35—60°.

Als Folge der Oxydation zeigt sich äußerlich vor allem ein Dunkelwerden des Öles. In schweren Fällen entwickelt sich ein starker Rückstand, der die Rohre und die Eintrittsöffnungen in die Lager verengt und den Ölzufluß behindert. Ferner stören Ablagerungen von Rückständen an den durch Öl betätigten Kolben der Regeleinrichtung das gute Arbeiten der Regelung. Es sei bei dieser Gelegenheit erwähnt, daß bei einigen Regeleinrichtungen das Öl nur sehr langsam an heißen Stellen dieser Einrichtungen durchströmt, und hierbei noch eine besonders starke Wärmebeanspruchung erleidet.

Die Zerstörung des Öles macht nach Beginn der Rückstandsbildung oft starke Fortschritte. Vor allen Dingen emulgiert stark gealtertes Öl sehr leicht mit Wasser, so daß schon hierdurch die richtige Schmierung gefährdet wird.

Da bei den Dampfturbinen die Anschaffung der Ölfüllung ziemlich teuer, dagegen die laufenden Ausgaben für Nachfüllungen verschwindend gering sind, wenn das Öl einwandfrei ist, konnte eine weitgehende Einigung zwischen Erzeugern und Verbrauchern über die Normung des Dampfturbinenöles erzielt werden, und man kann diese Normung im Gegensatz zu Ölen für andere Verwendungszwecke als gelungen bezeichnen.

Die größten Schwierigkeiten ergaben sich naturgemäß als man versuchte, die Alterungsneigung sowie die eingetretene Alterung des Öles zahlenmäßig zu erfassen. Nur dann konnte man ungeeignete Öle ausscheiden und gealterte Öle im Betriebe ablassen, bevor die Rückstandsbildung oder Schlammbildung in stärkerem Maße einsetzte. Lange Jahre hindurch hat man die Verteerungszahl als Maßstab benutzt, d. h. man führte eine künstliche Alterung des frischen Öles durch, indem man es 50 Std. auf 120^0 C erwärmte, ohne allerdings beim Turbinenöl Sauerstoff durchzuleiten.

Inzwischen haben besonders die Forschungen von Dr. Baader[1] und Dr. Typke[2] gezeigt, daß die Verteerungszahl des frischen Öles ebensowenig einen Maßstab für die Qualität bildet als die Verteerungszahlzunahme im gealterten Öl einen Rückschluß auf die Alterung zuläßt. Dagegen hat sich die Verseifungszahl bzw. ihre Zunahme nach längerer Betriebszeit als sehr gutes Kennzeichen gezeigt. Man führt heute in einer ziemlich komplizierten Apparatur eine künstliche Alterung der frischen Öle durch, und bestimmt danach die eingetretene Erhöhung der Verseifungszahl. Dabei macht man noch verschiedene Alterungsproben mit dem gleichen Öl in Gegenwart je eines bestimmten Metalles — nämlich Blei, Kupfer und Eisen — und dasjenige Öl ist dann das günstigste, welches die geringste Durchschnittsempfindlichkeit zeigt. Es soll in keinem Falle die Verseifungszahl sich um mehr als 0,2 ändern. Ein gealtertes Öl soll keine höhere Verseifungszahl als 1,15 zeigen, wenn man Schlammbildung unter allen Umständen vermeiden will.

Nachstehend die Daten der besten auf dem Markt befindlichen Dampfturbinenöle:

Spezifisches Gewicht von 0,865—0,910,
Flammpunkt über 180—205^0,'
Zähigkeit bei 50^0 2,5—5,5,
Verseifungszahl 0,05,
Verseifungszahl nach künstlicher Alterung unter 0,20,
Asphaltgehalt 0,0,
Gehalt an pflanzlichen oder tierischen Ölen oder Fetten 0,0 %,
Aschegehalt 0,0 %.

Dazu ist zu sagen, daß praktisch für die Schmierung von Dampfturbinen nur die Öle von einigen großen Weltfirmen in

---

[1] Bader: Die Bestimmung der Altersneigung von Isolier- und Dampfturbinenölen. Mitt. Ver. Elektr.-Werke 1928 Nr 461 u. 463 (Juni).

[2] Typke: Die Bedeutung der Kupferverteerungszahl. Petroleum-Z. Nr 7, 1931.

Frage kommen, wobei ein Konzern allein etwa 70% der Zahl der Dampfturbinen auf der Welt beliefert. Ein vierjähriger Versuch der Vereinigung der Elektrizitätswerke hat gezeigt, daß sich diese Öle in ihrer Qualität nur sehr wenig voneinander unterscheiden. Unter sonst gleichen Verhältnissen hat ein geringes spezifisches Gewicht einen Vorteil, da sich ein solches Öl leichter von dem stets im Umlauf auftretenden Wasser (Schwitzwasser oder Kondenswasser aus den Stopfbuchsen) trennt, als ein schwereres. Jedoch kann dieser Vorteil durch größere Zähigkeit wieder aufgehoben werden. Zu verlangen ist, daß bei einwandfreier Wartung der Ölfüllung 40000—50000 Betriebsstunden, d. h. 5—6 Jahre im Tag- und Nachtbetrieb ohne wesentliche Nachfüllung mit einer Ölfüllung gefahren werden kann. Vielfach wird angenommen, daß sich ein Vorteil bestimmter Ölmarken dadurch zeigt, daß unter sonst gleichen Verhältnissen die Lagertemperaturen sinken, also geringere Reibung sich anzeigt. Dies ist eine Täuschung, denn die geringen Unterschiede, die durch verschiedenartiges Öl entstehen, können sich nicht bemerkbar machen, da sie durch andere Faktoren in ihrer Wirkung völlig überdeckt werden.

Der Verfasser konnte feststellen, daß oft die ersten Ölfüllungen an Turbinen, wenn sie unter Leitung der Baufirma und gegebenenfalls unter Zuziehung eines Sachverständigen für Mineralöle erfolgten, gut aushielten, während spätere Ölfüllungen verhältnismäßig schnell verdarben. Es seien deswegen kurz die hauptsächlichsten Vorschriften für Neufüllungen und Ölwechsel bei Dampfturbinen angeführt:

Bei der Neufüllung sind Prüfungen auf Dichtheit des Öl- und Kühlwassersystems selbstverständlich. Wichtig ist aber darauf zu achten, daß Teile der Rohrleitung, Ölkühler usw. die gegebenenfalls von Unterlieferanten geliefert wurden, keinerlei Anstrich enthalten, welcher öllöslich ist. Auch müssen nach Möglichkeit auch die unscheinbarsten Verunreinigungen wie Formsand, Metallstaub, Hammerschlag, Putzwollreste u. dgl. entfernt werden. Dies geschieht am besten vor dem Zusammenbau der einzelnen Teile. Man kann hierbei nicht sorgfältig genug verfahren.

Hierauf ist soviel Öl einzufüllen, daß die Hilfsölpumpe ansaugt, und man kann zwecks Ölersparnis gegebenenfalls den Saugkorb entfernen und das Saugrohr unter bestimmten Vorsichtsmaßregeln, verlängern. Man pumpt jetzt eine geringe Menge Öl als Spülöl um, welches abgelassen und nach Reinigung für Nachfüllungen verwendet wird. Vor Einfüllung der endgültigen Ölfüllung sollte, wenn möglich, noch eine nochmalige Öffnung der hauptsächlichsten mit Öl erfüllten Räume stattfinden.

60   Die Schmierung der Kraftmaschinen.

a) Ölwechsel. Sollte aus irgendeinem Grunde ein Ölwechsel notwendig werden, so sind folgende Ratschläge von Nutzen: Unmittelbar nach dem Stillsetzen der Dampfturbine läßt man die bisherige Füllung, die dann noch warm und gleichförmig durchmischt ist, vollständig ab und legt nach Möglichkeit alle ölführenden Teile frei. Etwa vorhandene Rückstände löst man durch geeignete Mittel, wie chlorierte Kohlenwasserstoffe oder Benzol-

Abb. 8. Ölzentrifuge im Nebenschluß im Umlaufsystem einer Dampfturbine. Bergedorfer Eisenwerk, A.-G., Bergedorf.

Benzin-Alkohol-Gemische, wie sie jetzt als Kraftwagenbrennstoffe überall zur Verfügung stehen. Nicht zu sperrige Teile, insbesondere die Kühlrohre des Ölkühlers kann man nach Ausbau in einem alkalischen Reinigungsmittel auskochen. Hierauf folgt die mechanische Reinigung des Systemes mit Putztüchern. Sollte ein Abbau der Rohrleitungen aus irgendeinem Grunde nicht möglich sein, so kann man sich dadurch helfen, daß man eines der erwähnten Lösungsmittel mit der Hilfsölpumpe mehrere Stunden durchpumpt. Es gehört jedoch hierzu große Vorsicht und eine genaue Kenntnis des Gehäuseinnern bzw. des Umlaufsystemes, damit nichts von dem Lösungsmittel im System zurückbleibt. Bei dem Umpumpen von alkalischen Lösungsmitteln ist besondere Vorsicht notwendig, da beispielsweise schon Spuren von Sodalauge das frische Öl angreifen, und zur Emulsionsbildung geneigter machen. Im letzten Jahre hat sich als alkalisches Lösungsmittel für Ölrückstände u. dgl. ein Gemisch von Trinatriumphosphat und Wasserglas eingeführt, welches in wässeriger Lösung verwendet wird. Es wird unter dem Namen P3 von Henkel & Cie., Düsseldorf in den Handel gebracht und verhält sich dem Öl gegenüber wenig angreifend.

Um die letzten Spuren flüchtiger Lösungsmittel auszutreiben, wird vielfach noch mit Dampf durchgeblasen, mit Wasser nachgespült und mit warmer staubfreier Gebläseluft getrocknet.

Ölpflege. Bei Befolgung der gegebenen Ratschläge beschränkt sich die Überwachung der Ölfüllung auf eine laufende Temperaturkontrolle, wofür die Baufirmen durch Anbringung von Thermometern im Umlauf hinter jedem Lager, sowie am Ölkühler und im Kühlwasserumlauf Vorsorge treffen. Ist die Turbine durch Zahnräder untersetzt, so ist auch das aus dem Getriebe ablaufende Öl durch ein Thermometer zu überwachen. In vielen Fällen hat es sich als zweckmäßig erwiesen, einen Teil des Öles in regelmäßigen Zwischenräumen abzuzapfen, zu filtern, zu trocknen und wieder einzufüllen. Auch wird vielfach in den Umlauf der Turbine, und zwar im Nebenschluß eine Ölzentrifuge eingeschaltet, so daß ein abgezweigter Ölstrom ständig gereinigt wird. Jedoch wird sich dies nur in größeren Anlagen lohnen, wo man die Zentrifuge abwechselnd in den Kreislauf verschiedener Turbinen einschalten oder für andere Zwecke mitbenutzen kann (Abb. 8).

b) Die Turbinengetriebe. Bei den Turbinengetrieben muß man zwischen älteren Ausführungen mit verhältnismäßig grober Teilung — also großen Zähnen — unterscheiden gegenüber neueren Ausführungen, wo vielfach sehr kleine Teilung und sehr geringes Zahnspiel verwendet wird. Bei gröberer Teilung wird von den Baufirmen meist ein etwas dickflüssigeres Öl zur Zahnradschmierung empfohlen, und zwar in den Zähigkeiten von 3,5 bis 6,5° E bei 50. Da zweckmäßigerweise nur ein gemeinsames Öl für Turbine und Getriebe verwendet wird, so dient also auch in diesem Fall das dickflüssigere Öl auch mit zur Lagerschmierung der Turbine. Es hat dies gewisse Nachteile, da die dickflüssigeren Öle weniger emulsionssicher und überhaupt leichter veränderlich sind. Es soll deswegen unter sonst gleichen Verhältnissen immer das Öl mit der geringeren Zähflüssigkeit gewählt werden. Es ist auch zu beobachten, daß vielfach bei den Herstellern der Getriebe noch ein gewisses Vorurteil gegen leichtflüssige Öle zur Zahnradschmierung besteht. Bei feiner Teilung insbesondere bei Maagverzahnung hat der Verfasser die besten Erfahrungen mit leichtflüssigen Turbinenölen in der Zähigkeit zwischen 2,5 und 3° Engler bei 50° C für die Zahnradschmierung gemacht, ja vielfach ergab sich gerade der ruhigste Lauf und keine nachweisbare Abnutzung bei dem dünnflüssigsten Öl. Allerdings muß man sagen, daß endgültige Erfahrungen auf diesem Gebiete noch nicht vollständig vorliegen.

c) **Schmierungsstörungen an Dampfturbinen.** Über die Gründe für das vorzeitige Altern bzw. das plötzliche Verderben von Ölfüllungen wurde bereits gesprochen. Es ergibt sich daraus, daß vor allen Dingen Fremdkörper und Wasser aus dem Umlauf nach Möglichkeit ferngehalten werden muß. Ganz läßt sich das Wasser nicht vermeiden, und zwar rührt es in erster Linie von dem in den Stopfbuchsen sich niederschlagenden Dampf her, dessen Kondensat zum Teil in die Lager hineinkriecht. Der Sperrdampf der Stopfbuchsen spielt hierbei eine beachtenswerte Rolle. Auch Kondensat der dampfgetriebenen Hilfsölpumpe gelangt unter Umständen in das Öl. Selbstverständlich sind in Einzelfällen auch Undichtigkeiten in der Kühlwasserleitung denkbar. Das eindringende Wasser sollte täglich abgelassen werden, und zwar solange, bis nach Abfluß des Wassers und geringer Schlammengen reines Öl erscheint. Auch die übrigen Ablaßhähne in der Ölleitung müssen vor Inbetriebsetzen und im Dauerbetrieb alle 24 Stunden kontrolliert werden. In der letzten Zeit macht sich eine Neigung bemerkbar, die Ölfüllungen der Dampfturbinen zu vergrößern. Es bedingt dies eine Erhöhung der Baukosten sowie eine Erhöhung der Kosten für die erste Ölfüllung, jedoch sollte dieses Bauart von den Turbinenbesitzern unterstützt werden. In vielen Fällen sind die Ölbehälter an älteren Turbinen entschieden zu klein, und es dürfte sich immer lohnen, auf irgendeine Weise, die im Umlauf befindliche Ölmenge zu vergrößern. Jedoch sollten solche Umbauten nur von Fall zu Fall nach Anhörung von Sachverständigen vorgenommen werden.

Eine eigentümliche Erscheinung ist oft das Schäumen der Ölfüllung. Eine gleichbleibende Schaumschicht bis zu einigen Zentimetern Höhe auf dem Ölspiegel im Turbinenölbehälter ist eine normale Erscheinung. Sehr störend dagegen ist ,,wachsender Schaum" für den verschiedene Gründe vorhanden sein können. Manchmal ist bei ungeeigneter Einfüllung bei dickflüssigem Öl bereits zu viel Luft von Anfang an vorhanden. Ein sehr naheliegender Grund ist ferner zu niedriger Ölstand, so daß Luft ständig mit angesaugt wird. Jedoch wird dieser Fall ebenso wie undichte Saugleitung der Ölpumpe sehr selten auftreten. Schäumen des Öles beim Anfahren der Dampfturbine, d. h. wenn die Ölfüllung noch kalt ist, wird sinngemäß dadurch eingedämmt, daß man mit dem Anstellen des Kühlwassers wartet, bis die Betriebstemperatur und damit geringere Zähflüssigkeit des Turbinenöles erreicht ist. Trotz normaler Lagertemperaturen kommt es in gewissen Fällen vor, daß Öl in feiner Verteilung als Nebel aus den Lagern und Ölbehältern dringt. Es wird dann vielfach angenommen, daß das Öl „qualmt". Eine wesentliche Verdampfung ist aber bei den Temperaturen, die das Öl im Umlauf annimmt, unmöglich. Es sind daher auch Verluste durch Verdampfung nicht zu erwarten. Der Nebel entsteht durch das Platzen der Luftbläschen bei einer bestimmten Art der Schaumbildung. Es ist deswegen die Entstehung des Schaumes von Fall zu Fall genau in ihren Gründen klarzulegen. Besonders leicht wird natürlich eine starke Schaumbildung bei Getriebeturbinen auftreten, und es ist deshalb zu ermitteln, ob die Zuführung des Öles zu den Zahnrädern die Schaumbildung begünstigt. Auch Kupplungen können mitunter Schaumbildung hervorrufen. Gelangen zerstäubte Ölmengen aus den Lagern in die elektrischen Generatoren, was durch die Ventilationswirkung leicht möglich ist, so ist die Isolierung durch das Öl gefährdet und es können vorzeitigere Reparaturen erforderlich werden. Es ist anzunehmen, daß auch gewisse Veränderungen der Öle, mit denen man sich aber noch nicht näher beschäftigt hat, unter Umständen bereits ganz kurz nach dem Einfüllen eine Veränderung der Oberflächenspannung hervorrufen, welche wachsende Schäume veranlaßt. Schon ganz geringe Mengen kolloidgelöster Stoffe können solche Veränderungen hervorrufen.

4. Wasserturbinen.

a) Radiallager. Unter dem Gesichtspunkt der Schmierung können wir die Turbinen, abgesehen von der sonstigen Bauart, in solche mit Radiallagern und solche mit Achsiallagern unterteilen. Kleinere Ausführungen mit horizontaler Welle erhalten Ringschmierung und es sind hier die üblichen Maschinenöle in einer Zähigkeit von 3,5—6,5 ohne weiteres zu verwenden. Dabei ist vielfach auf Frostbeständigkeit zu achten, d. h. die Öle müssen im allgemeinen bis 0⁰ verwendbar sein. Solange ein Turbinenbetrieb läuft, werden auch die Räume, in denen die Lager stehen, durch das Wasser entsprechend gewärmt, welches niemals Temperaturen unter 0^0 haben kann, wenn man nicht in Ausnahmefällen mit einer geringen Unterkühlung des Wassers rechnet. Größere horizontale Turbinenausführungen arbeiten mit etwas höheren Lagerdrücken, und gleichzeitig wird die abzuführende Reibungswärme so groß, daß sie durch Leitung und Strahlung nicht immer mit Sicherheit beherrscht werden kann. Man geht dann zur Umlaufschmierung über und es gelten für diese Umlaufschmierungen dieselben Gesichtspunkte wie für Dampfturbinen-Umlaufschmierungen. Allerdings wird die Alterungsgefahr des Öles niemals so groß, wie im Dampfturbinenbetrieb, da Lagertemperaturen von über 40^0 niemals auftreten.

b) Achsiallager. Die senkrechten Turbinenausführungen waren früher so eingerichtet, daß sie einen Unterwasserzapfen hatten, welcher in einem Spurlager lief. Hierbei traten ziemlich schwierige Probleme auf, da ein Öl gewählt werden mußte, welches in Emulsion mit Wasser hohe Flächendrücke vertrug. Als solches wurden in früheren Zeiten Senföl, Rüböl und Gemische dieser Öle mit Wasser verwendet. Jedoch sind diese Turbinenbauarten heute praktisch völlig verschwunden. Neuere Turbinenbauarten haben alle hängende Ausführung, d. h. die ganze Turbine meist einschließlich des Dynamoläufers hängt an einem großen Achsiallager. Bei den ersten Ausführungen dieser großen Achsiallager, welche mit ungeteilten Tragringen gebaut wurden, ergaben sich ziemliche Schwierigkeiten, da diese Lager nicht zum guten Tragen zu bringen waren, so daß sich ein Ölfilm nicht in gewünschtem Maße ausbildete. Es traten äußerst hohe örtliche Flächendrücke auf, welche mit reinen Mineralölen nicht beherrscht werden konnten. Für diese Zwecke haben sich dann gefettete Öle wegen ihrer hohen Schmierfähigkeit am besten bewährt. Da die größeren Ausführungen dieser Lager wiederum mit Umlaufschmierung und Ölkühlung versehen sind, ist ganz besondere Vorsicht wegen des Wasserzutrittes erforderlich. Jedoch hat sich diese Schwierigkeit, durch welche die Lebensdauer der großen und kostbaren Ölfüllungen aufs äußerste gefährdet war, schließlich durch Sonderkonstruktionen überwinden lassen.

Die neueste Errungenschaft auch für das Traglager der Wasserturbinen ist das Segmentlager, welches heute praktisch bei allen großen Achsiallagern zur Ausführung gelangt. Man hatte schon seit Jahrzehnten erkannt, daß sich ein Ölfilm am günstigsten bildet, wenn zwischen den Lagerflächen ein keilförmiger Spalt vorhanden ist, der sich in der Laufrichtung verengt. Beim Traglager stellt sich dieser keilförmige Spalt von selbst her, obgleich

Die Wasserturbine. 65

man auch hier noch besondere Hilfsmittel zur Verbesserung der Form des Ölfilmes geschaffen hat. Für Axiallager wurde aber diese Erkenntnis erst in neuerer Zeit praktisch verwertet. Man zerlegt danach die Tragfläche des Drucklagers in einzelne Segmente (Druckklötze, Druckstücke), die etwas beweglich sind. Bei der Drehung stellen diese Segmente sich so ein, daß sich eine keilförmige und sehr beständige Ölschicht zwischen der Druckscheibe und den Segmenten bildet. Es hat sich gezeigt, daß bei solchen Lagern schon kurz nach den ersten Umdrehungen volle Flüssigkeitsreibung im strengen Sinne herrscht.

Die einzelnen Ausführungen sind natürlich in der Praxis etwas verschieden. Man hat zunächst die Druckklötze auf Zylinderflächen gelagert, deren Mantellinien radial verliefen, jedoch ergab sich, daß eine allseitige Beweglichkeit erforderlich war. Heute lagert man die Segmente in Kugelpfannen, und die Pfannen selbst vereinigt man z. B. auf einem wiederum kuglig gedrehten Druckstück. Mit solchen Lagern ist es möglich, in einem Ring Drücke bis zu 250 t bei einer spezifischen Belastung der Flächen von 500 kg je cm^2 im Dauerbetrieb aufzunehmen, ohne daß die Flüssigkeitsreibung gestört wird. Hierzu sind gehärtete und geschliffene Druckstücke und mit Bronze belegte Tragringe erforderlich. Im normalen Betriebe fährt man heute mit Dauerbelastungen von 60 kg pro cm^2, während man bei Kammlagern höchstens 3 kg pro cm^2 zulassen konnte. Die Axiallager als Segmentlager werden heute als Drucklager für ortsfeste Dampfturbinen sowie als Drucklager für Schiffsdampfmaschinen sowie Schiffsantriebe aller Art ausschließlich verwendet.

Nicht ganz gelöst ist bisher das Lagerproblem bei Wasserturbinen, die gleichzeitig in einem dem normalen entgegengesetzten Drehsinne als Speicherpumpen laufen müssen. Dieser Fall ist in der letzten Zeit gelegentlich aufgetreten. Hier ist es nicht möglich, ein Segmentlager in einer der bekannten Formen einzubauen und man mußte wieder zum normalen Kammlager zurückkehren. Das Problem wurde schließlich, wie man sagen kann, vorläufig durch Schmierung mit gefetteten Ölen gelöst.

c) **Regler der Wasserturbinen.** Die Regelung der Wasserturbinen gehört strenggenommen, nicht in das Gebiet der Schmiertechnik, jedoch sind die meisten Regler so eingerichtet, daß Metallteile aufeinandergleiten, so daß als Reglerfüllung nur Öl in Frage kommt. Es sind vielfach Schwierigkeiten an den Regelvorrichtungen infolge falscher Ölauswahl aufgetreten. Heute weiß man, daß es wegen der äußerst geringen Flächendrücke bei vielfach geringem Spiel weniger auf eigentliche Schmierfähigkeit des Öles

Steinitz, Maschinenschmierung. 5

66   Die Schmierung der Kraftmaschinen.

ankommt, als auf Alterungsbeständigkeit. Diese Eigenschaften finden sich in allen Ölen vereinigt, wie sie von erfahrenen Firmen für diese Zwecke angeboten werden. Die Daten sind praktisch dieselben wie bei Ölen geringer Zähflüssigkeit für Umlaufschmierungen aller Art.

Maschinenübersicht. Wasserturbinen.

Maschinen	Schmierstelle und Schmiervorrichtung	Schmierungsbedingungen	Schmiermittel
Liegende Turbinen	Kammlager oder Mehrscheiben-Drucklager Sc, Sh[1]		O 20[2]
	Einscheiben-Drucklager, Segmentlager Sc, Sh		O 17
	Horizontale Traglager, Transmissionslager Sc, Sh		O 15
	desgl. b. Zapfengeschw. über 6 m/sek		O 3
Stehende Turbinen	Ringspur- oder Bundlager Sc, Sh	schlechte Druckverteilung	O 20
	Einscheiben-Drucklager, feste oder bewegl. Segmente, Sc, Sh		O 17, O 3
	Kugel- oder Rollenlager Sk		F 5
Vollautomatische Wasserkraft-Anlagen	sämtliche Reglerteile Sh		O 1
Öldruck-Turbinenregler	Ölfüllung		O 3
Naben v. Kaplanflügelköpfen	Ölfüllung		O 17, O 20
Kraftübertragung	Zahnräder-Getriebe, offen, Sa	Holz auf Eisen Eisen auf Eisen	F 6 F 5
	Zahnradgetriebe, gekapselt, Sc, Sh		O 17
	Leitschaufelzapfen, Gestänge, Gleitführungen usw. Sa, Sb, Sk	Witterungseinflüsse, Feuchtigkeit	O 16, O 19, F 1
Hydraulische Getriebe für Schützenantrieb, Drosselklappenantrieb, Zahnradbremsen	Ölfüllung	Außentemperatur	O 1

[1] Siehe S. 32.   [2] Siehe S. 24—29.

F. Organe der Energieübertragung.
1. Normale Transmissionen und ihre Lager.

Die Transmissionen sind dadurch gekennzeichnet, daß äußerst geringe Lagerdrücke in Höhe von nicht über 10 kg pro cm^2 normalerweise auftreten. Bei gußeisernen Lagerschalen bleibt man zweckmäßigerweise unter 6 kg pro cm^2, und in der Praxis findet man meist noch niedrigere spezifische Drücke. Dementsprechend treten auch eigentliche Schmierungsprobleme nicht auf und es sind mit allen angebotenen Ölen einwandfreie Resultate zu erzielen. Eigentümlich ist die Beobachtung, daß die neuesten Erfahrungen der Schmiertechnik, welche darauf hinausgehen, alle Lager bedeutend kürzer zu halten, als dies in früheren Jahren der Fall war, für die Transmissionslager noch nicht verwertet worden sind. Man findet vielfach noch so lange Lager, daß der Wellenzapfen nur sehr schlecht zum Anliegen kommt. Jedoch macht sich gerade in der letzten Zeit eine Neigung bemerkbar, die Lager auf ein vernünftiges Maß zu verkürzen.

Es ist natürlich eine bedeutsame Frage, welche Vorteile durch Sonderöle, wie sie vielfach angeboten werden, zu erwarten sind. Die Erfahrungen des Verfassers haben gezeigt, daß meßbare Unterschiede im Betriebszustande bezüglich Energieverbrauch und Abnutzungsgeschwindigkeit durch Öle verschiedener Herkunft und Güte kaum zu beobachten sind.

Eine größere oder geringere Schmierfähigkeit der Öle macht sich lediglich dort bemerkbar, wo infolge starker Durchbiegung der Wellen oder aus anderen Gründen eine gleichmäßige Verteilung des Ölfilmes auf der Lagerlänge nicht möglich ist. Hier werden durch gut schmierfähige Öle ziemliche Energieersparnisse zu erzielen sein. Auch in Textilbetrieben, über die noch zu sprechen sein wird, macht sich eine Energieersparnis durch schmierfähigere Öle bemerkbar. Dagegen spielt in den meisten anderen Betrieben die Reibung nur eine geringe Rolle innerhalb des Energiebedarfes. Man kann damit rechnen, daß beispielsweise in einem Betriebe der Metallbearbeitung nur 10% der verbrauchten Energie als Lagerreibung einschließlich der Lagerreibung an den Arbeitsmaschinen verbraucht werden und daß durch Wahl besonders geeigneter Öle vielleicht im besten Fall 1% zu sparen sind. Diese 1% sind aber in der Gesamtbilanz sehr schwer zu erfassen.

Die bisherigen Betrachtungen gelten für den Betriebszustand einer Transmissionsanlage. Es hat sich nun gezeigt, daß mindestens

2 Std. vergehen, bis morgens nach dem Anfahren der Betriebszustand erreicht ist. In dieser Zeit wird mit Öltemperaturen gefahren, die je nach der Jahreszeit von etwa 10^0 bis 20^0 bei Arbeitsanfang bis zur Betriebstemperatur von etwa 30—60^0 ansteigen. In dieser Zeit sind durch Wahl geeigneter Öle, d. h. solchen mit flacher Viskositätstemperaturkurve in allen Betrieben ganz bedeutende Energieersparnisse zu erzielen. Leider sind Versuche von neutraler Seite in dieser Richtung noch nicht gemacht worden. Man kann aber die Energieersparnis sogar bei Betrieben der Metallbearbeitung durch Reibungsverminderung in allen Lagern sicherlich zu 6% während der ersten 2—3 Std. nach Arbeitsanfang annehmen. Da Öle mit flacher Viskositätskurve im allgemeinen auch schmierfähiger sind, kann man bei Auswahl solcher Öle auch in der Zähflüssigkeit im Betriebszustande herabgehen und die Gesamtenergieersparnis wird sich dann in den meisten Betrieben in der Höhe von 3% halten. Bei Betrieben, die einen hohen Prozentsatz ihrer Gesamtenergie als Reibung verbrauchen, können durch geeignete Wahl des Maschinenöles für Transmissionen und Maschinenlager Energieersparnisse bis zu 8% erzielt werden. Als sehr schmierfähig haben sich auch im Transmissionsbetriebe u. a. gefettete Öle erwiesen, von denen hauptsächlich die Voltolöle in Verwendung sind. Es muß aber vor der Verwendung dieser Öle in solchen Betrieben gewarnt werden, wo in den Lagern Neigung zur Schwitzwasserbildung herrscht. In diesem Falle werden auch hier die Ölfüllungen schnell unbrauchbar. In Betrieben, wo dagegen keine Schwitzwasserbildung auftritt, haben sich auch gefettete Öle als sehr beständig erwiesen.

a) Schmiervorrichtungen und Wartung der Transmissionslager. Neben einer geringen Anzahl von Tropfölern und Nadelölern die in vielen Betrieben noch eine gewisse Beliebtheit genießen, sind heute fast ausschließlich Ringschmierlager in Verwendung. Der einzige Unterschied besteht in der Verwendung loser bzw. fester Ringe. Ein Unterschied zwischen diesen beiden Konstruktionen hat sich in der Bewährung nicht nachweisen lassen.

Die Wartung der Ringschmierlager ist so einfach, daß besondere Richtlinien kaum gegeben werden können. Im allgemeinen besteht die Gewohnheit, die Lager etwa jährlich ganz zu entleeren, zu säubern und neu aufzufüllen, und dieses Verfahren ist auch für die weitaus meisten Betriebe zweckmäßig. Es mag noch der Hinweis gegeben werden, daß einigermaßen alterungsbeständige Öle auch nach einjähriger Benutzung nicht verbraucht sind, sondern nach Filterung oder Aufbereitung in Schleudern (Zentrifugen) wieder voll verwendungsfähig sind. Vielfach findet man, daß das abgelassene Öl als Altöl verkauft wird, wofür gerade in Zeiten niedriger Rohstoffpreise fast kein Erlös zu erzielen ist. Dieses Verfahren ist auch für Betriebe von kleinstem Ölbedarf unwirtschaftlich, und die Wiederbenutzung des Ablauföles zum Nachfüllen immer anzuraten.

Es gibt natürlich eine große Reihe von Betrieben, wo eine einjährige Laufzeit der Ölfüllungen zu hoch ist. Es sind dies solche Betriebe, wo das Öl starker Verstaubung oder anderen ungünstigen Einflüssen ausgesetzt ist. Besteht der Staub nur aus Textilfasern, oder anderen Staubarten, die keinen Angriff chemischer Art auf das Öl ausüben, so ist nur eine häufigere Reinigung in Abständen, die von Fall zu Fall festgelegt werden, erforderlich, das Öl selbst ist aber auch nach entsprechender Filterung wieder benutzbar. Anders liegt der Fall in gewissen chemischen Betrieben, wo das verstaubte Öl in seiner Schmierfähigkeit derart herabgesetzt wird, daß eine Wiederverwendung nicht in Frage kommt.

b) Transmissionslager unter besonderen Betriebsumständen. Eine besondere Behandlung erfordern solche Lager, welche unter erhöhten Temperaturen laufen müssen. Dabei ist wesentlich, ob diese Temperaturen durch Strahlung oder Leitung von Wärme hervorgerufen werden. Handelt es sich um Temperaturen bis zu $60°$ C, so ist keine besondere Berücksichtigung erforderlich, zwischen 60 und $80°$ C nimmt man im allgemeinen ein sog. schweres Maschinenöl, wobei natürlich darauf zu achten ist, daß es bei den zu erwartenden Temperaturen noch die erforderliche Zähigkeit und Schmierfähigkeit besitzt. Die einfache Angabe einer höheren Zähigkeit als der normalen bei $50°$ C genügt nicht. Sind wechselnde Temperaturen etwa zwischen 50 und $80°$ C zu erwarten, so muß man natürlich auf die höchste Temperatur Rücksicht nehmen, und in solchen Fällen haben sich Öle mit flacher Zähigkeitskurve wiederum am besten bewährt, da solche mit steiler Kurve bei den niedrigen Temperaturen sehr viel Energie verbrauchen. Ferner wird für Lager dieser Art noch zu wenig auf das Alterungsverhalten der Öle geachtet. Es gibt eine Reihe sog. schwerer Maschinenöle, welche sich infolge der Wahl des Rohmateriales und eines hohen Zusatzes an Zylinderölstock unter höheren Temperaturen sehr rasch verändern. Bei einem Auftreten von asphaltartigen Neubildungen führt dies mitunter zu Störungen, da beispielsweise Schmierringe infolge einer solchen Veränderung der Öle zum Stillstand gebracht werden können. Es kann auch vorkommen, daß das Öl so weit eindickt, daß der Schmierring nichts mehr abstreift.

Bei Temperaturen über $90°$ C wählt man sog. Dampfzylinderöle zur Lagerschmierung. Die Zähigkeit, die man bei diesen Ölen, wie erwähnt, bei 100° C feststellt, muß von Fall zu Fall entsprechend den zu erwartenden Temperaturen ausgewählt werden. Als Grundlage kann dienen, daß die Zähigkeit bei den auftretenden Temperaturen möglichst nicht unter 3,5 E sinken soll. Es gibt mineralische Schmiermittel, welche man allerdings dann kaum noch als Dampfzylinderöle bezeichnen kann, welche bis zu Temperaturen von 250° an Lagern verwendbar sind.

Transmissionslager mit hohen spezifischen Belastungen. Die höchsten Belastungen, welche man bei Transmissionslagern beobachtet, liegen bei etwa 40 kg pro cm^2. Da man ohne Wasserkühlung auszukommen versucht, und eine intensive Luftkühlung oder Kühlung durch strömendes Öl nicht in Frage kommt, treten bei solchen Drücken erhöhte Lagertemperaturen auf, welche man wiederum durch Öle größerer Zähigkeit berücksichtigen muß. Es ist jedoch ein Irrtum, anzunehmen, daß höhere Drücke allein in dieser Höhe ein besonders zähflüssiges Öl erfordern. Es scheint festzustehen, daß bei höheren Drücken eine etwas größere Zähigkeit erforderlich ist, da anscheinend der Schmierfilm bei sehr dünnflüssigen Ölen eine zu geringe Dicke annimmt. Jedoch scheint eine Zunahme der Schmierschichtstärke bei Ölen über einer Zähigkeit von etwa 9 E bei 50 nicht mehr einzutreten. Es ist deswegen falsch, sehr hohe Lagerdrücke lediglich durch Wahl eines recht schwerflüssigen Öles beherrschen zu wollen, wobei die erhöhte Reibung mit in Kauf genommen wird.

G. Der Verdichter.

1. Kolbenverdichter.

Der Schmiervorgang im Zylinder eines Kolbenverdichters hat eine gewisse Ähnlichkeit mit dem in der Kolbendampfmaschine. Der große Unterschied besteht jedoch darin, daß bei der Dampfmaschine das Öl allmählich dem kältesten Teil der Maschine zuwandert, während beim Verdichter das Öl zuletzt mit den heißesten Teilen der Maschine, nämlich den Druckventilen oder entsprechenden Steuerorganen in Berührung kommt. Hiermit sowie mit dem Verhalten der verdichteten Luft oder anderen Medien hängt es zusammen, daß das Öl überhaupt viel langsamer durch die Maschine hindurchwandert. Der Ölbedarf ist also pro Einheit der vom Kolben bestrichenen Zylinderfläche viel geringer als bei der Dampfmaschine. Andererseits hängt hiermit zusammen, daß trotz niedriger Arbeitstemperaturen gegenüber der Dampfmaschine die Wärmebeanspruchung des Öles sehr hoch werden kann. Ganz grundlegend falsch ist allerdings die Unterteilung der Verdichter in Niederdruckverdichter und Hochdruckverdichter, soweit die Schmierung in Frage kommt. Diese Unterteilung findet sich in der gesamten Literatur des In- und Auslandes und hat sogar in den mehrfach erwähnten Richtlinien ihren Eingang gefunden. Nur die Druckschriften einiger führender Ölfirmen[1] machen hiervon eine Ausnahme.

Betrachten wir zunächst den Fall eines sog. Niederdruckverdichters, der beispielsweise in einer Stufe auf 7 Atm. verdichtet. Es sind hier an sich Kompressionstemperaturen von über 200° möglich. Ist aber eine ausreichende Kühlung des Zylinders vorhanden, so steigt die Lufttemperatur auf höchsten 100° und die Wandungstemperaturen auf vielleicht 50—60°. Hierbei ist eine Wärmebeanspruchung des Öles kaum vorhanden und jedes der auf dem Markt befindlichen Verdichteröle mit Erfolg verwendbar.

Ganz anders liegt der Fall, wenn bei derselben Verdichtung die Kühlung gering oder gar nicht vorhanden ist. Es treten dann Temperaturen entsprechend der erreichbaren Kompressionstemperatur insbesondere an den Druckventilen auf. Der schwierigste Fall, den der Verfasser beobachten konnte, betraf Bremsluftkompressoren für elektrische Schienenfahrzeuge aller Art, welche direkt durch Elektromotoren angetrieben werden sollen. Hier verlangt z. B. die Deutsche Reichsbahn, daß Verdichter dieser Art, welche Luft von 7 Atm. in einer Stufe liefern, ohne jede Kühlung laufen müssen. Auch eine Luftkühlung kommt nicht in Frage, da diese Verdichter gerade dann arbeiten müssen, wenn der Zug steht und der Luftvorrat nach dem Bremsen ergänzt werden muß. Die Abnahmebedingungen für Verdichter dieser Art sind noch besonders schwer, und die Reichsbahn verlangt einen Dreistundenlauf ohne jede Kühlung. Nach den Messungen des Verfassers treten hierbei Lufttemperaturen von 205° auf und die Auspuffventile oder Klappen erhitzen sich vielleicht noch etwas höher. Es wäre nun naheliegend, hier ein Öl mit sehr hohem Flammpunkt in der Art eines Heißdampfzylinderöles vorzuschlagen, jedoch sind diese Öle zu zähflüssig und außerdem einer langdauernden Erhitzung auf die auftretenden Temperaturen nicht gewachsen. Es bilden sich äußerst starke Rückstände. Aber

---

[1] Luftkompressoren und ihre Schmierung. Deutsche Vacuum Öl A.-G. Hamburg.

auch die größte Zahl der angebotenen Verdichteröle versagt an dieser Stelle, und es ist auf die zu fordernden Eigenschaften des Öles noch zurückzukommen (s. a. S. 74).

Ähnlich schwierige Verhältnisse finden sich an älteren Vakuumpumpen mit Flach- oder Drehschiebersteuerung, wo die Kühlung der Steuerungsteile nur schlecht durchzuführen ist. Es ist hier mit einer Erwärmung zu rechnen, die mindestens einer Verdichtung von 1:10 in einer Stufe entsprechen würde, da ja die Vakuumpumpe von dem zu erzielenden Unterdruck auf Atmosphärendruck verdichten muß. Es wird noch zu wenig beachtet, daß aus diesen Gründen nur ein ganz hochwertiges Verdichteröl einen einwandfreien Betrieb gestattet. Sehr hohe Beanspruchungen des Öles ergeben weiter solche Verdichter, wie sie als Einblaseluftpumpen an älteren Dieselmotoren sich vorfinden, und welche man nach dem heutigen Stande als Mitteldruckverdichter bezeichnen würde. Man findet hier vielfach, daß ein Druck von 60—70 Atm. in zwei Stufen erreicht wird. Es treten dann insbesondere ohne Zwischenkühlung in der Niederdruckstufe ebenfalls Temperaturen von ziemlich 200^0 mit entsprechenden Anforderungen an das Öl auf.

Wir kommen nun zu der Besprechung der eigentlichen Hochdruckverdichter. Es sind dies Verdichter mit vier oder mehr Stufen, die einen Enddruck von 100 bis zu 300 Atm. erzeugen, während man Verdichter für 300—1200 Atm. nach dem heutigen technischen Sprachgebrauch als Höchstdruckverdichter anspricht. Nach den Erfahrungen des Verfassers ist bei allen Verdichtern dieser Art nur eine geringe Beanspruchung des Öles durch Druck oder Temperatur festzustellen. Die höchsten Wärmebeanspruchungen treten durchweg im Niederdruckzylinder auf, da die Luft besonders im Sommer warm zugeführt wird und infolge der wärmetechnischen Verhältnisse hier eine große Verdichtungswärme auftritt. Bei neueren Bauarten wird jedoch kaum eine höhere Temperatur als $140—160^0$ in der Niederdruckstufe auftreten, so daß die meisten angebotenen Verdichteröle einwandfrei arbeiten. In den nächsten Druckstufen nimmt dann die Wärmebeanspruchung des Öles infolge der eingeschalteten Zwischenkühlung immer weiter ab (s. a. S. 75).

Besondere Sorgfalt ist allerdings auf die Ölauswahl zu legen, wenn man auf eine gute Rückgewinnung des Öles Wert legt. Wird beispielsweise nur reine Luft komprimiert, so sollte es möglich sein, 80 % des Öles zurückzugewinnen, und der Verfasser hat Fälle beobachtet, wo sehr große Hochdruckkompressoren praktisch ohne merklichen Frischölverbrauch auskamen.

Für diesen Fall ist besonders das Verhalten des Öles gegenüber der auftretenden Feuchtigkeit zu beachten. Es sei daran erinnert, daß der Wassergehalt von 1,0 m^3 der angesaugten Luft zwischen 0,1 g an einem trockenem Frosttage und 30 g an einem feuchten Sommertage in unsern Breiten schwanken kann. Ist die Luft sehr feucht, so hat sie die Neigung, das Öl von den Zylinderwänden schnell fortzuwaschen und in den Zwischenkühlern in Form von Emulsion anzusammeln. Stark gefettete Verdichteröle werden nicht so leicht fortgewaschen, jedoch wird dabei die Emulsionsbildung noch verstärkt, so daß praktisch überhaupt keine Rückgewinnung in Frage kommt. Besonders geeignete Öle ergeben dagegen auch bei feuchter Luft eine gute Schmierung der Zylinderwände und geringe Emulsionsbildung.

2. Umlaufverdichter.

Bei dieser Verdichterart, welche sich durch einen umlaufenden Kolben kennzeichnet, in welchem Schieber gleiten, die durch Fliehkraft an die Zylinderwände gedrückt werden, findet man vielfach eine Unterschätzung der Schmierungsschwierigkeiten. Es sind zunächst die im Kolbenkörper gleitenden Schieber zu schmieren, und hierbei hat das Öl wenig Gelegenheit, sich zu erneuern, so daß bei entsprechenden Temperaturen die Gefahr des Eindickens besteht. An den Zylinderwänden dient das Öl bei einigen Bauarten unmittelbar der Verminderung der Reibung der Schieberkanten gegen den Zylinder, während es bei anderen Bauarten nur die Feinabdichtung zu leisten hat. In allen Fällen wandert aber auch hier das Öl sehr langsam durch den Verdichter hindurch. Normalerweise sind allerdings die Temperaturen infolge guter Kühlung so niedrig, daß keine besonderen Anforderungen an das Öl gestellt werden. Eine Ausnahme bilden Vakuumpumpen, welche rotierend ausgeführt wurden, wobei gleichzeitig eine zu geringe Kühlung vorgesehen war. Ebenso treten dann Schwierigkeiten auf, wenn solche rotierenden Verdichter, wie bereits versuchsweise ausgeführt, ungekühlt als Bremsluftkompressoren verwendet werden. Auch dann ist nur mit einzelnen Sonderölen ein einwandfreier Betrieb zu erreichen (s. a. S. 26).

3. Triebwerke der Verdichter.

Für die Triebwerke der Kolbenverdichter gilt das gleiche wie für diejenigen der Dampfmaschinen und Dieselmotoren. Dementsprechend sind besondere Schwierigkeiten nicht zu erwarten. Besondere Berücksichtigung erfordern solche Fälle, wo für Zylinder und Triebwerk das gleiche Öl zur Verwendung gelangen. Es sind dies insbesondere Kleinkompressoren mit Umlaufschmierung sowie solche, die überhaupt keine eigentliche Kolbenschmierung besitzen. Es wird hier, ähnlich wie bei Kraftwagenmotoren, der durch die umlaufenden Triebwerksteile erzeugte Ölnebel zur Kolbenschmierung benutzt. Es ist hier soviel zu sagen, daß das Zylinderöl immer für das Triebwerk ohne weiteres mit benutzt werden kann, und daß lediglich die Verhältnisse im Zylinder für die Auswahl des Öles maßgebend sind.

4. Explosionsgefahr und Ölauswahl.

Eine große Rolle spielt in der Vorstellung aller Benutzer von Verdichtern die Explosionsgefahr, der man durch besonders sorgfältige Ölauswahl zu begegnen hofft. Dazu ist zu sagen, daß bei allen Niederdruckkompressoren bei einigermaßen vernünftiger Behandlung der Schmierung so wenig Öl in den Zylindern vorhanden ist, daß sich durch die Verdampfung trotz hohen Verdichtungsverhältnisses kein explosionsfähiges Ölluftgemisch bilden kann. Bei den niedrigen Enddrücken kommt ja eine Selbstzündung etwa in der Art wie bei Dieselmotoren überhaupt nicht in Frage. Eine Zündung kann nur eintreten, wenn die Kompressionstemperatur durch falsche Betriebsführung erhöht ist und außerdem durch irgendwelche Einflüsse Rückstände ins Glühen geraten. Nur an diesen glühenden Rückständen oder an Funken kann sich das Ölluftgemisch in der Druckleitung oder im Luftbehälter entzünden, jedoch sind auch hierzu Ölansammlungen durch Vernachlässigung notwendig. Die Explosionen verlaufen so sanft, daß sie kaum diesen Namen verdienen, worauf dann die Rückstände langsam abbrennen.

Bei Hochdruckkompressoren ist die Ölmenge im Verhältnis zur Luftmenge groß, so daß sich wohl zündfähige Gemische auch in normalem Betriebe ausbilden können. Die Selbstzündungstemperatur kann aber im allgemeinen nicht erreicht werden, da das Verdichtungsverhältnis viel zu niedrig ist. Ein genügend hohes Verdichtungsverhältnis kann nur auftreten, wenn der Kompressionsraum durch Rückstände völlig versetzt ist oder bei Versagen der Ventilsteuerung. Auch in diesen Fällen läßt sich aber das Eintreten von Ölexplosionen durch besondere Ölauswahl nicht verhindern. Insbesondere ist es falsch, sehr zähflüssige und hochentflammbare Öle hierzu zu verwenden, da die Selbstzündungstemperatur merkwürdigerweise bei der gleichen Ölsorte mit steigendem Flammpunkt und steigender Zähigkeit sinkt. Ölexplosionen lassen sich mit Sicherheit durch sorgfältige Betriebsführung, d. h. Beobachtung der Rückstandsbildung, Reinheit der Ansaugluft, gute Kühlung usw. verhindern. Für die Ölauswahl ist maßgebend richtige Zähflüssigkeit bei den in Frage kommenden Temperaturen (nicht über 3,5° E) und große Beständigkeit bei Wärmebeanspruchung. Sehr zähflüssige und hoch entflammbare Öle neigen unter sonst gleichen Umständen mehr zur Rückstandsbildung und es ist neben der geringen Selbstzündungstemperatur und geringen Beständigkeit bei Wärmebeanspruchung bei ihrer Verwendung also auch hier ein Nachteil festzustellen.

H. Die Praxis der Maschinenschmierung in einzelnen Industriegruppen.

1. Land- und Forstwirtschaft.

In den Betrieben, die unter diese Überschrift fallen, werden sehr große Schmiermittelmengen verbraucht, jedoch findet man gerade bei diesen Verbrauchern nur sehr geringe Kenntnisse darüber, welche Anforderungen an Schmiermittel zu stellen sind. Die Belieferung erfolgt meist durch örtliche Händler, es sollte sich jedoch mehr einbürgern, die älteren und erfahrenen Schmiermittellieferanten direkt zur Lieferung heranzuziehen, da diese die Kundschaft in der Erhaltung ihres Maschinenparkes weitgehend unterstützen. Sehr zu warnen ist allerdings allgemein vor sog. Verbrauchsversuchen an den Maschinen selbst. Versuche aller Art sollten den entsprechenden behördlichen Stellen oder den Verbänden vorbehalten bleiben, wo eine sachgemäße Durchführung gewährleistet ist. Jedenfalls sollten Versuche im Betriebe unter Aufsicht eines neutralen Sachverständigen und nicht nur eines Firmenvertreters stattfinden.

a) **Dampfpflüge und dergl.** Hier sind zunächst die Dampflokomobilen und Pfluglokomotiven zu erwähnen. Bezüglich der Zylinderschmierung sei auf die Ausführungen bei den Dampfmaschinen im allgemeinen verwiesen, jedoch sind einige Besonderheiten hier zu erwähnen. Eine große Reihe von Dampfmaschinen dieser Art wird noch mit Sattdampf betrieben, und man steht allgemein auf dem Standpunkt, hier ein recht billiges Öl zu verwenden. Dieser Standpunkt ist nicht richtig, da der Dampf bei diesen Maschinen meist sehr naß ist, und die geschilderten Übelstände hierdurch verstärkt auftreten. Die Öle müssen vor allen Dingen so ausgesucht werden, daß sie nicht fortgewaschen werden und es sei vor allem auf die stark gefetteten Zylinderöle hingewiesen, die von allen guten Ölfirmen geführt werden. Auch die Heißdampflokomobilen und Lokomotiven haben beim Anfahren nach den sehr häufigen Stillständen besonders in der kalten Jahreszeit sehr unter nassem Dampf zu leiden. Dabei findet die Hauptarbeit gerade in der kalten Jahreszeit statt. Nach jedesmaligem Anfahren ist aber der Zylinder ausgekühlt, es müssen die Kondenshähne geöffnet werden, und ein ungeeignetes Öl wird fortgewaschen. Es ist daher auf ein bei 100° C recht zähflüssiges Zylinderöl zu achten und es werden auch hier stark gefettete Öle sehr gute Resultate ergeben.

Da oft ungeeignete Öle verwendet werden, ist auch der Ölverbrauch an den Zylindern meist viel zu hoch. Die Unkenntnis des Betriebspersonals spielt dabei ebenfalls eine große Rolle. Man findet einen Ölverbrauch, der bis zu 20 mal so hoch ist, als an Maschinen gleicher Stärke im ortsfesten Betrieb. Ein Ölverbrauch von 20 g je PS/Std., d. h. ein Kilogramm für eine 50-PS-Maschine pro Stunde ist nichts Ungewöhnliches. Dabei muß man mit etwa 1 g pro PS/Std., d. h. 1 kg pro Arbeitstag als höchstes für eine solche 50-PS-Maschine immer auskommen. Vielfach wird es dazu nötig sein, den Antrieb der Schmierpressen zu ändern, damit sie bedeutend langsamer laufen. Es sei auch auf die Vorteile moderner Schmierapparate für solche Dampffahrzeuge hingewiesen, wo man die zugeführten Ölmengen an fallenden Tropfen kontrollieren kann (s. Abb. 44, S. 164).

Auch das Maschinenöl für diese Dampffahrzeuge ist sehr sorgfältig auszuwählen. Ein gewöhnliches Maschinenöl, wenn es auch teuer ist, ist für diesen Betrieb oft reichlich ungeeignet, weil es zu schnell fortläuft. Man muß Öle auswählen, die besonders unter verschiedenen Wetterbedingungen, auch bei starker Feuchtigkeit und Regen gut in den Lagern haften. Sogenannte dunkle Maschinenöle, von erfahrenen Firmen bezogen, sind oft sehr schön aussehenden hellen Maschinenölen überlegen, und es werden solche Öle bereits als Markenöle in den Handel gebracht. Auch gefettete Maschinenöle werden an all diesen Schmierstellen mit Handschmierung oder auch Tropfölern vorzügliche Resultate ergeben. Als ungefähre Richtlinie für den Verbrauch an solchen Dampffahrzeugen möge dienen, daß der Maschinenölverbrauch ungefähr doppelt so hoch sein kann, wie der eben als sparsam erwähnte Zylinderölverbrauch.

b) Motorpflüge, Zugmaschinen und Kraftlastwagen. Es sei auf die besonderen Ausführungen über Kraftfahrzeuge hingewiesen. Der ländliche Betrieb hat insofern seine Besonderheiten, als mit sehr großen Staubmengen besonders im Herbst und Winter bei der Hauptarbeit zu rechnen ist. Bei der Frühjahrsbestellung tritt der Staub weniger in Erscheinung, dafür ist mit einer sehr starken Verschmutzung aller äußeren Teile zu rechnen. Der Einfluß des Staubes auf das Öl im Kurbelgehäuse wird noch bestritten, es ist aber eine Tatsache, daß ein ordnungsgemäßer landwirtschaftlicher Betrieb mit Kraftfahrzeugen ohne geeignete Filter für die Ansaugluft nicht möglich war. Besonders die Kolbenringe leiden darunter, wenn die Ansaugluft nicht rein ist. Dagegen ist Staub im Kurbelgehäuse auch vielfach dadurch hinein-

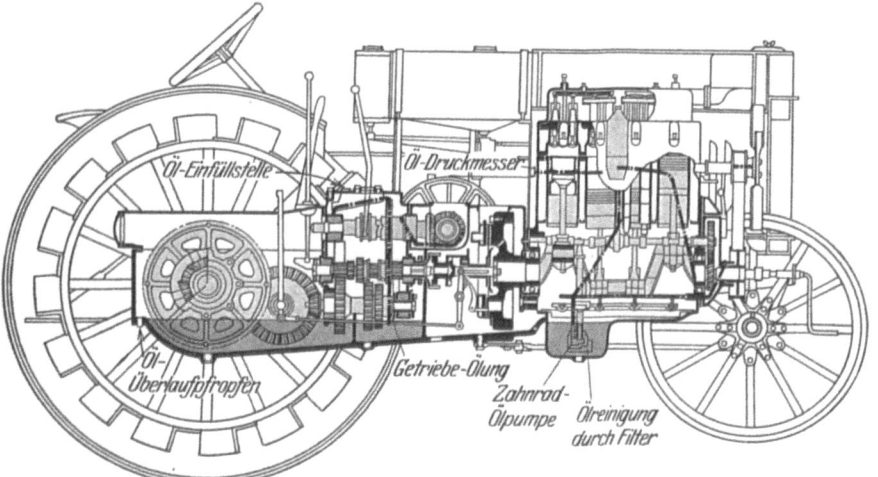

Abb. 9. Landwirtschaftliche Zugmaschine mit sehr einfachem Schmiersystem.
Unempfindlich, aber hoher Verbrauch. (I. H. C.)

gelangt, daß bei der Öleinfüllung nicht sorgfältig vorgegangen wurde. Man findet vielfach, daß ungeeignete Luftfilter verwendet werden, und zwar finden sich hauptsächlich unter den sog. trocknen Filtern sehr ungeeignete Konstruktionen. Nasse Filter erfordern eine gewisse Bedienung, da sie häufig gereinigt und neu benetzt werden müssen. Man kann das Personal nicht eindringlich genug auf die Bedienung der Filter hinweisen. Ein verstaubter Filter macht eine volle Leistung der Maschine unmöglich, es darf aber keinesfalls gestattet werden, deswegen die Füllkörper aus dem Filter der Bequemlichkeit halber ganz zu entfernen, wie es auch beobachtet wurde. Der Filter ist dann äußerlich vorhanden, in Wirklichkeit aber außer Dienst. Als Ölgefäße dürfen auf dem Acker oder an sonstigen Arbeitsstellen nur saubere, verschließbare Kannen mit deutlicher Aufschrift des Inhaltes Verwendung finden. Gelegentlich sind Betriebsstörungen dadurch entstanden, daß die Fahrzeuge beim Ölauffüllen nicht genau waagerecht standen und ein höherer Ölstand vorgetäuscht wurde, worauf nebenbei hingewiesen sei. Ölverbrauchszahlen sind schwer zu geben, da die einzelnen Fahrzeuge von den Herstellern mit sehr unterschiedlichem Ölverbrauch geliefert werden (Abb. 9). Man findet Motoren, die nur $1/30$ der Brennstoffmenge an Öl verbrauchen, was als ziemlich sparsam zu bezeichnen ist. Keinesfalls sollte der Ölverbrauch über $1/20$ des Brennstoffverbrauches steigen.

c) **Anhängegeräte aller Art.** Es sei auf die Ausführungen über das Maschinenöl an Dampffahrzeugen hingewiesen, und betont, daß an allen Schmierstellen gut anhaftende Öle verwendet werden müssen. Auch hier sind dunkle Maschinenöle und gefettete Öle sehr zweckmäßig, und man wird erstaunt sein, wie sich bei einiger Aufmerksamkeit in der Ölauswahl der Verbrauch herunterdrücken läßt. Maschinenöle, die für den vorliegenden Zweck unbrauchbar sind, haben besonders die Eigentümlichkeit, daß sie durch anhaftenden feuchten Schmutz förmlich aus den Lagern herausgesaugt werden. Eine große Reihe von Schmierstellen an den Anhängegeräten sind für Fettschmierung eingerichtet, und man kann auch hier die Beobachtung machen, daß die verwendeten Fette ungeeignet sind, da sie zu schnell sich verbrauchen und Krusten hinterlassen. Auf geeignete Fette ist an anderer Stelle ausführlich hingewiesen, und ein Markenprodukt einer bekannteren Firma dürfte immer zu empfehlen sein.

d) **Ortsfeste landwirtschaftliche Maschinen.** Leider ist es bei all diesen Maschinen nicht möglich, wirklich moderne Schmiereinrichtungen anzubringen. Ringschmierlager, die in andern Betrieben jahrelang praktisch ohne jede Bedienung laufen, sind beispielsweise hier an vielen Stellen nicht denkbar, weil das Öl darin zu schnell verstauben sowie durch abwechselnde Temperaturen und Feuchtigkeit leiden würde. Wir finden also ähnlich wie bei den Anhängegeräten Handschmierung, Tropföler und an rasch laufenden Wellen mit Kugellagern Fettschmierung. Fettschmierung mit Staufferbuchsen finden sich an einer Reihe anderer Schmierstellen. Bezüglich der Schmiermittelauswahl gilt das gleiche wie für die Anhängegeräte, jedoch ist an Lagern, die feiner bearbeitet sind, wie an Dreschmaschinen usw. ein dunkles Maschinenöl bereits weniger geeignet. Allgemein anzuraten wäre es, die veralteten Staufferbuchsen allmählich auszurangieren und durch modernere, automatische Fettbuchsen zu ersetzen, welche heute billig zu haben sind.

Maschinenübersicht. **Land- und Forstwirtschaft.**

Maschinen	Schmierstelle und Schmiervorrichtung	Schmierungsbedingungen (besondere Einflüsse)	Schmiermittel
Dampflokomobilen und -Lokomotiven	Zylinder Se[1] Triebwerk Sa, Sb	Dampf sehr naß Wasser und Staub	O 7, O 8[2] O 16, O 17, O 19
Kraftlastwagen, Motorpflüge und Zugmaschinen	Zylinder und Triebwerk Sh, Se Achsen und Raupen Sa	Staub Wasser und Schmutz	O 10 O 16, O 17 O 19, F 1
Anhängegeräte, Mähmaschinen u. dgl.	Alle Schmierstellen Sa, Sd	Wasser und Schmutz	O 16, O 17, O 19, F 1
Ernteverarbeitungsmaschinen	Alle Schmierstellen Sa, Sd	Staub	O 16, O 17, O 19, F 1
Futterbereitungsmaschinen	Alle Schmierstellen Sa, Sd	Staub	O 16, O 17, O 19, F 1

Bei der Schmiermittelauswahl ist noch zu beachten, daß möglichst alle Schmiermittel auch bei Frost verwendbar sein müssen. Bei den Verbrennungsmotorenölen wird allerdings bei den meisten Marken bei Frosteintritt ein Ölwechsel erforderlich sein.

2. Industrie der Steine und Erden.

In schmiertechnischer Beziehung besteht das Hauptkennzeichen der unter diese Bezeichnung fallenden Betriebe einmal darin, daß die Arbeitsmaschinen sehr große Energieverbraucher sind, ferner, daß an einer Reihe von Maschinen stoßweise und manchmal rechnerisch schwer zu erfassende, jedenfalls äußerst hohe spezifische Belastungen auftreten. Weiter sind alle Lagerstellen dem Gesteinsstaub oder anderen Staubarten ausgesetzt, und schließlich stehen die Maschinen bzw. befinden sich die Schmierstellen im Freien oder in Räumen, wo sie vor Witterungseinflüssen nur wenig geschützt sind.

Der Staub ist, soweit er Gesteinsstaub ist, scharfkantiger und für Metallflächen schädlicher als Kohlenstaub. Andererseits tritt der Kohlenstaub in kolloider Feinheit auf und dringt durch die feinsten Ritzen hindurch, während Gesteinsstaub bedeutend gröber ist und in der Luft nur kurze Zeit suspendiert bleibt. Hierdurch sind z. B. in geschlossenen Räumen hochgelegene Lager und Schmierstellen vor dem Staube leichter zu schützen, da er nicht nach oben steigt. Auch die Kraftzentralen und andere Betriebsräume, die gut abgeschlossen gehalten werden können, sind in

---
[1] Siehe S. 32. [2] Siehe S. 24—27.

80 Die Praxis der Maschinenschmierung in einzelnen Industriegruppen.

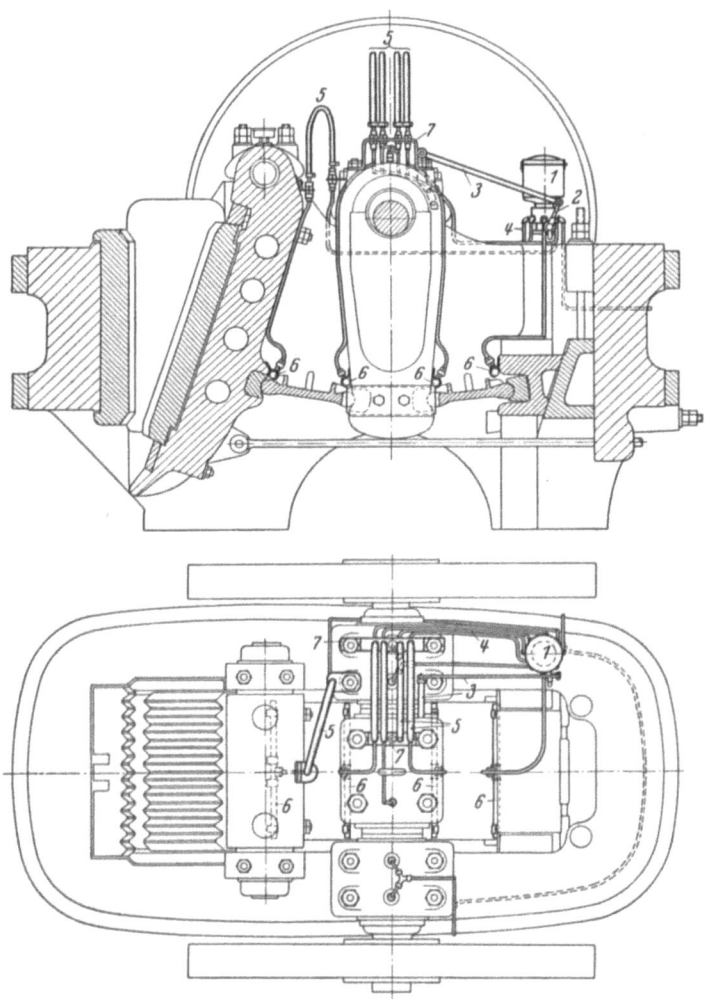

Abb. 10. Hartsteinbrecher mit zweckmäßiger Schmierung durch Zentralfettpresse.
(De Limon, Fluhme & Cie.)
1 Zentralfettpresse, 2 Hebelantrieb, 3 Verbindungsstange, 4 Druckrohre, 5 Biegsame Rohre, 6 Fettaustritt, 7 Befestigungsbügel.

dieser Industrie staubfrei zu halten. Eine Ausnahme machen Zement- und Karbidwerke, wo wiederum kolloide Staubarten auftreten, welche sehr schädigend sein können.

Industrie der Steine und Erden. 81

a) Ziegeleien. Die Arbeitsmaschinen in Ziegeleien sind zum Teil ganz besonders der Feuchtigkeit ausgesetzt, sowie gleichzeitig der Verschmierung durch den Ton. Man nimmt es deswegen als gegeben hin, daß die Schmiermittel schnell aus den Lagern herausgedrängt werden, und man findet eine große Reihe von Arbeitsmaschinen in Ziegeleien, welche praktisch überhaupt nicht oder mit Ton geschmiert werden. Dementsprechend sind die Abnutzungserscheinungen trotz hohen Schmiermittelverbrauches ganz ungeheuerlich und häufige Stillstände und Brüche an der Tagesordnung. Allerdings kann man den Betrieben hieraus oft keinen Vorwurf machen, weil die Maschinen ohne jede Rücksicht auf die Möglichkeit der Schmierung gebaut sind. Die Fabrikanten andererseits sagen, daß eine Maschine mit zweckmäßiger Schmierungseinrichtung so teuer werden würde, daß die Verkäuflichkeit in Frage gestellt sei. Wenn man sich aber klar macht, welche Leistungsersparnis eine richtig gelagerte und geschmierte Maschine ergibt, und wie die Lebensdauer erhöht wird, so spielt demgegenüber der erhöhte Anschaffungspreis überhaupt keine Rolle (Abb. 10).

b) Zementwerke. Welche Rolle eine einwandfreie Maschinenschmierung in der Zementindustrie spielt, geht aus einer Aufstellung über den Kraftbedarf in interessanter Weise hervor. In kaum einer Industrie ist der Anteil an menschlicher Arbeitskraft

Abteilung	Arbeitsvorgang	Kraftbedarf PS
1. Rohmehlaufbereitung oder Schlämmerei..	Vorzerkleinerung des Kalksteins und der Tonerde	100
	Vermahlen des Gemisches, trocken oder im Dickschlammverfahren	1200
	Mischung durch Rührwerke oder durch Einblasen komprimierter Luft	100
2. Ofenhaus	Brennen im Drehofen	150
	Abkühlung in Kühltrommeln ..	90
	Herstellung der Gebläseluft für Drehofen	120
3. Kohlenaufbereitung.	Trocknung, Zerkleinerung und Vermahlung der Kohle für Drehofen	200
4. Zementmühlen ...	Zerkleinerung der Klinker zu Zement	1200
5. Transportmittel...	Transport der Materialien innerhalb des Werkes	120
	Gesamtkraftbedarf für 100 000 t	3280

so gering wie hier. Man berechnet, daß in einem modernen Werk auf einen Arbeiter eine Produktion von 1000 t pro Jahr entfällt. Dagegen beträgt der Kraftbedarf bis zu 50 PS pro 1000 t Jahresproduktion. Ein Werk von 100000 t Jahresproduktion hat daher einen Kraftbedarf von bis zu 5000 PS. Der Kraftbedarf sinkt bereits, wenn statt des Transmissionsantriebes elektrischer Einzelantrieb vorgesehen ist. Man kann dann in dem erwähnten Falle mit etwa 3000 PS-Kraftbedarf rechnen. Im einzelnen stellt sich der Kraftbedarf der Arbeitsmaschinen für das erwähnte Werk von 100000 t wie in umseitiger Aufstellung.

Wenn man nun gleichzeitig die starken Abnutzungserscheinungen an vielen Lagerstellen in Betracht zieht, so ergibt sich hieraus, daß ein großer Bruchteil des Kraftbedarfes als Lagerreibung verbraucht wird. Es ist in vielen Fällen gelungen, durch Beachtung aller schmiertechnischen Einzelheiten an den Zerkleinerungsmaschinen den Kraftverbrauch um 10 % zu vermindern, entsprechend also in dem betrachteten Falle einer Verminderung des Gesamtkraftbedarfes um 7,5 %.

Eine große Reihe von Schmierstellen ist heute immer noch auf Fettschmierung angewiesen, da die Drücke in Verbindung mit den geringen Gleitgeschwindigkeiten an diesen Stellen bei Öl die Ausbildung eines Schmierfilmes unsicher machen würden. An anderen Stellen, wo noch Fettschmierung für notwendig gehalten wird, ist dies vielfach ein Vorurteil, und es sind beispielsweise an den Rollenlagern der Drehöfen und anderen Stellen in der letzten Zeit mit Ölschmierung ganz ausgezeichnete Erfolge erzielt worden, nachdem die Dichtungsfrage einmal gelöst war.

Maschinenübersicht. **Industrie der Steine und Erden.**

Maschinen	Schmierstelle und Schmiervorrichtung	Schmierungsbedingungen (besondere Einflüsse)	Schmiermittel
Ringwalz- oder Pendelmühlen einfacher Bauart	Lager Sk[1] Zahnräder Sa	hoher Druck[2] offene Zahnräder	F 4 F 5
Raymond-Mühlen	Führungslager Sc	hoher Druck und Wärme	O 17
	Spurlager Sc	hoher Druck und starke Wärme	O 8
	Horizontal-Zapfenlager Sc	—	O 15
	Rollenlager und Fettbüchsen Sd, Sk	—	F 4
	Zahnräder Sa	—	O 16

[1] Siehe S. 32. [2] Siehe S. 24—27.

Industrie der Steine und Erden.

Maschinen	Schmierstelle und Schmiervorrichtung	Schmierungsbedingungen (besondere Einflüsse)	Schmiermittel
Fuller-Mühlen	einfache und Kugelspurlager Sc	—	O 17
	Lager mit Fettschmierung Sk	—	F 4
	Offene Zahnräder Sa	—	F 5
Maxecon-Mühlen (Kent-Mühlen)	Lager bei Ölschmierung Sa, Sc	hoher Druck	O 17
	Lager bei Fettschmierung Sf, Sk	hoher Druck	F 5
Schlag- und Hammermühlen	Lager bei Ölschmierung Sc, Sa	hoher Druck, Stöße	O 17, O 20
	Lager bei Fettschmierung Sa, Sk	hoher Druck, Stöße	F 4
Mahlgänge (Ober- oder Unterläufer)	Hals-, Spur- und Vorgelegelager Sb, Sc	Lagerdruck hoch	O 17, O 20
	Zahnräder Sa	—	F 5
Drehrohröfen, Kühl- und Trockentrommeln	Vorgelege und Trommellager Sc	Lagerdruck hoch Wärme	O 17, O 20, O 7
	bei Fettschmierung Sa, Sk	Lagerdruck hoch	F 4
	Halslager, Fettkammerlager oder Wälzlager	Lagerdruck hoch Temperatur über 80° Temperatur bis 80°	F 2 F 4
	desgl. Lager mit Ölschmierung	Temperatur über 80°	O 7
Drehrostöfen	sämtliche Lager Sa, Schneckenantrieb Sc	— hohe Temperatur	F 4 O 7
	Zahnräder Sa	—	F 4
Schüttel- und Trommelsiebe	sämtliche Lager Sa	—	O 17, F 4
	Zahnräder		F 5
Windsichter	sämtliche Lager Sc	hohe Drehzahl	O 14
Steinbrecher (Backenbrecher)	sämtliche Lager Sb, Sf	sehr hoher Druck	O 17, O 20 F 4
Rund- oder Kegelbrecher	sämtliche Lager Sc	hoher Druck	O 17, O 20, F 4
	Kegelradübersetzung Sa	hoher Druck	F 5
Kugelmühlen	Trommellager, Vorgelegelager Sc, Sf, Sk	—	O 17, O 20, F 4
Rohr- und Verbundmühlen	Trommel- und Tragrollenlager Sc,	—	O 17
	desgl.	heißes Mahlgut	O 8
	desgl. bei Fettschmierung Sf, Sk	—	F 4, F 2
Ziegelpressen	sämtliche Lager Sa, Sc	hoher Druck, Schmutz, Feuchtigkeit	F 4, O 19
Steinsägen	sämtliche Lager Sa, Sc	Staub	F 1

6*

3. Bergbau und angeschlossene Betriebe.

Das Hauptkennzeichen aller Bergbaubetriebe bezüglich der Maschinenschmierung ist der Kohlenstaub und das Wasser, welche die Schmierung in ungünstiger Weise beeinflussen können. Im Untertagebetriebe kommen dazu noch vielfach hohe Raumtemperaturen. Untertage sind daher unter sonst gleichen Verhältnissen zähflüssigere Öle als sonst zu benutzen. An allen Stellen, wo sich Umlaufschmierung unter Tage vorfindet, ebenso bei Ringschmierung wie an Elektromotoren, Umlaufverdichtern, Wasserschleuderpumpen u. dgl. sind gefettete Öle auszuschließen. Es ist auch in abgeschlossenen Gehäusen wie Zahnradgehäusen, Getriebegehäusen aller Art mit starker Schwitzwasserbildung zu rechnen, und gefettete Öle würden hier schnell betriebsunfähig werden.

An allen Stellen dagegen, wo das Öl nur einmal verwendet wird, ist gefettetes Öl zu mindesten zu versuchen. Auch die mehrfach erwähnten dunklen Maschinenöle werden hier infolge ihrer guten Haftfähigkeit vielfach bessere Resultate ergeben als hochwertige helle Maschinenöle. Es sind dies solche Stellen, wo zwischen den gleitenden Flächen verhältnismäßig viel Spiel ist, keine hohen Lagerdrücke auftreten und die Geschwindigkeiten ebenfalls gering sind.

Der Tagebau spielt hauptsächlich in den Braunkohlengebieten eine Rolle. Die älteren Betriebe arbeiten hier mit vielen kleineren Maschinenaggregaten. Besonders schwierig war immer der Betrieb der Dampfbagger, welche als Abraumbagger und für die eigentliche Kohlenförderung Verwendung finden. Die Erhaltung der kleinen Dampfmaschinenaggregate läßt oft zu wünschen übrig, und zwar spielt hier ungeeignete Schmierung eine große Rolle. Für die Zylinderschmierung ist das Öl sehr sorgfältig auszuwählen, da die Dampfbedingungen nach Temperatur und Feuchtigkeitsgehalt stark wechseln. Die Triebwerksschmierung muß Rücksicht auf den Braunkohlenstaub nehmen. Bei den Abraumförderern kommt außerdem noch der normale aus Sand entstandene Staub hinzu. Für die Zylinderschmierung sind dementsprechend sehr gut haftende Zylinderöle auszuwählen und keinesfalls solche, die bei den Dampftemperaturen schnell dünnflüssig werden. Hohe Zähflüssigkeit bei 100^0 ist erforderlich. Die Triebwerksschmierung der im Tagebau tätigen Maschinen erfolgt vielfach durch Öl, wobei aber die Erhaltung immer schlecht ist. Ist eine Kapselung der Triebwerksteile nicht möglich, so ist auf jeden Fall die Fettschmierung, am besten durch zentral angetriebene Fettpumpen oder durch Handfettpressen die technisch richtige Lösung. Sehr zweckmäßig durchgeführt ist die Schmierung bereits an den Abraumförderbrücken, bei welchen kaum noch Stellen mit Handschmierung vorzufinden sind.

Bei der Weiterverbreitung der Kohle spielt immer der Kohlenstaub als ungünstige Einwirkung auf die Schmierung die hauptsächlichste Rolle. In den Steinkohlenbetrieben finden wir zunächst die Kohlenwäschen, bei denen im wesentlichen die Transportanlagen aller Art zu schmieren sind. Es kommt hier fast ausschließlich Fettschmierung in Frage, und in den letzten fünf

Abb. 11. Zentralfettpresse an einem Kohlentransportband. (Robert Bosch A.-G.)

Jahren haben sich zentrale Fettversorgungsanlagen aller Art erfreulicherweise eingebürgert (Abb. 11). Nur wenig findet man noch Fettschmierung von Hand, mit der eine ungeheure Verschwendung verbunden ist. Ebenfalls mit Fettschmierung versehen sind die Kohlenbrecher, sowie die Transportgeräte für die Förderung zur Halde bzw. zur Eisenbahn und zu den Schiffen. Bei den Kohlenbrechern sind die Lager im Gegensatz zu andern Betriebszweigen nicht übermäßig belastet, so daß sich bei geeigneter Konstruktion und Schmierung Laufzeiten erzielen lassen, wie sie im übrigen Maschinenbau üblich sind.

Während die Steinkohle in überwiegendem Maße in ihrem ursprünglichen Zustand verwendet wird, muß man in der Braunkohlenindustrie damit rechnen, daß die Kohle überwiegend in Brikettform zur Verwendung kommt. Dementsprechend ist auch der Maschinenpark an der Förderung gemessen im Braunkohlenbergbau viel umfangreicher als im Steinkohlenbergbau. Bereits in der Kraftzentrale einer Brikettfabrik herrschen infolge des Staubes besondere Verhältnisse. Dampfturbinen sind hier noch verhältnismäßig selten, da die Wirtschaftlichkeit der Turbine als Gegendruckmaschine noch nicht immer bei allen Belastungen erwiesen ist. Es wird also noch längere Zeit mit großen und starken Kolbendampfmaschinen in Form von Gegendruckmaschinen zu rechnen sein. Infolge des Staubes ist bei Tropfölung am Triebwerk keine einwandfreie Schmierung zu erzielen und besonders ist die Ausbeute an gereinigtem Ablauföl zu gering. Bei Umlaufschmierung sind allerdings auch eine große Reihe von Einzelheiten zu beachten, damit infolge des Staubes die Lebensdauer der Füllung nicht zu gering wird. Für den übrigen Betrieb der Brikettfabrik ist zunächst zu beachten, daß eine große Reihe von Schmierstellen an den Trockentrommeln sowie im Naßdienst unter erhöhter Temperatur arbeiten. Im Naßdienst kommt außer hoher Temperatur noch Feuchtigkeit hinzu, so daß hier eine besondere Auswahl der Schmiermittel erforderlich ist. Ein schwieriger Sonderfall war manchmal die Schmierung von Schneckengetrieben älterer Konstruktion unter hohen Temperaturen an den Trockentrommeln, jedoch sollten hier gute wärmebeständige Fette, wie sie für andere Zwecke benutzt werden, ebenfalls ausreichen.

Eine große Reihe von Schmierungsschwierigkeiten wurden an Brikettpressen beobachtet. Hier sind es besonders das Mittellager sowie die Seitenlager der gekröpften Pressenwelle, welche Schwierigkeiten bieten. Es findet sich vereinigt starke und stoßweise Belastung der Lager, welche nicht immer rechnerisch genau erfaßt werden kann, da die Art des Preßgutes stark wechselt. Dazu kommt hohe Temperatur in den Pressenräumen und Staub. Eine große Reihe von Pressen sind mit Frischölschmierung und gleichzeitiger Wasserkühlung der Lager eingerichtet, und es kommt hier ein nicht zu leichtflüssiges gefettetes Öl in Frage. Das Öl bildet an den Lagerenden einen Kragen von Emulsion, so daß die Vermischung mit Wasser im Lager selbst infolge der Wasserkühlung nicht stattfinden kann. Einige Ölfirmen haben sich besonders auf die Erzeugung eines sog. Mittellageröles eingestellt, jedoch kann jede Ölfirma ein geeignetes gefettetes Öl liefern. Die in den letzten 3 Jahren neu gelieferten Brikettpressen sind mit einer Druckumlaufschmierung eingerichtet. Dabei mußte aber ein sichtbarer Tropfenfall zu den Mittellagern vorgesehen werden. Um diese Stelle vor dem Eindringen des Staubes zu schützen,

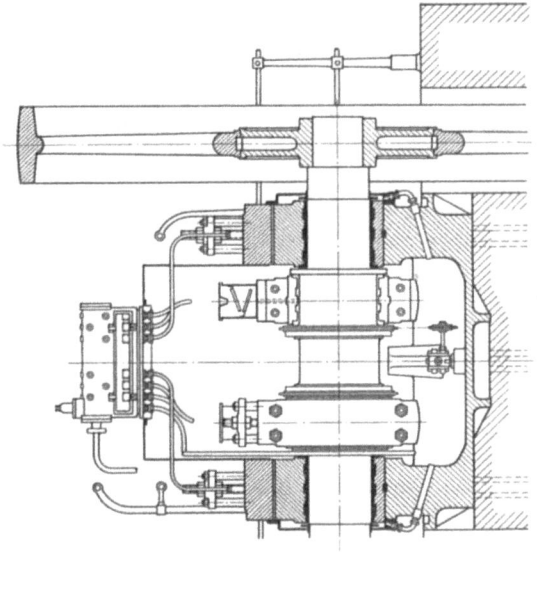

Abb. 12. Umlaufschmierung bei Brikettpresse. Tropfenfall unter Überdruck. Gute Lagerabdichtung. Ölumlaufmenge noch etwas klein.

hat man die Tropfstellen in einem Kasten vereinigt und diesen unter Überdruck gesetzt. Auch die übrigen Teile der Umlaufschmierung sind auf das sorgfältigste abgedichtet. Nach dem gleichen System hat man ältere Brikettpressen auf Umlaufschmierung umgebaut, und die Erfolge sind sehr ermutigend. Weitere Erfolge dürften noch zu erzielen sein, wenn man sehr große Ölmengen in den Umlauf bringt und mehrere Brikettpressen zu einem Umlaufsystem vereinigt. Man könnte dann in den Umlauf besondere Abstehgefäße sowie Schleudern einschalten und so noch weitere Schmiermittelersparnisse erzielen (Abb. 12).

Eine kurze Erwähnung verdienen noch die Förderbahnen. Bei Dampfbetrieb finden sich gerade in der Braunkohlenindustrie ganz gewaltige Ölverbräuche an den Lokomotiven. Das Triebwerk muß ständig durch reichliche Ölzufuhr gegen die beiden Staubarten geschützt werden, und die Zylinderölschmierung muß Rücksicht auf die ständige Überlastung der Maschinen nehmen. Der Verfasser hat einen Verbrauch von bis zu 70 kg Zylinderöl und 100 kg Maschinenöl für 1000 km an solchen Lokomotiven beobachtet, entsprechend also dem 20fachen Verbrauch gegenüber einer Reichsbahnmaschine von 10facher Leistung. Durch geeignete Schmierapparate, Ölauswahl usw. konnte der Ölverbrauch vielfach bereits auf $1/10$ ermäßigt werden, während an anderen Stellen keine Abhilfe zu erzielen war. Hier brachten dann elektrische Förderlokomotiven eine wesentliche Verbesserung, da der Schmiermittelverbrauch praktisch zum Verschwinden gebracht wurde.

Maschinenübersicht. **Bergbau und angeschlossene Betriebe.**

Maschinen	Schmierstelle und Schmiervorrichtung	Schmierungsbedingungen (besondere Einflüsse)	Schmiermittel
Schrämmaschinen	alle Schmierstellen Sa—Sd [1]	Staub und Wasser	O 16, O 17 [2] O 19
Kohlenwäschen	Nahfördermittel Sd, Sf	Staub und Wetter	F 1
Braunkohlen-Trockenanlagen	Lager Sc, Sg	Staub und hohe Temperatur	O 8 und F 2
Kohlenbrecher	Lager Sf, Sg	Staub	F 4
Brikettpressen	Dampfzylinder Se	—	O 7, O 8
Kohlenmühlen (Pendelmühlen u. dgl.)	Mittel- und Seitenlager Sb, Sh Lager Sf	hoher Druck, Wasser, Staub und Wärme Staub	O 19, O 17 F 4
Rohr- und Trommel- sowie Kugelmühlen	Lager Sc, Sk	Staub und Wärme	F 4, F 5

[1] Siehe S. 32.   [2] Siehe S. 24—27.

4. Metallgewinnung und Hüttenwesen. Walzwerke.

Das Hauptkennzeichen aller Betriebe, die hier zusammengefaßt werden, besteht darin, daß sie wie die unter H_2 und H_3 zu den rauhen Betrieben gehören, d. h. daß eine sorgfältige Pflege der Maschinen vielfach unmöglich ist. Schon dadurch, daß meist in drei Schichten mit durchgehendem Betrieb gearbeitet wird, und die einzelne Maschine nicht immer von dem gleichen Mann bedient wird, leidet die Erhaltung der Maschine. Dazu kommt, daß alle in Frage kommenden Schmierstellen nicht in besonders geschützten Räumen aufgestellt sind, sondern immer dem Staub, und zwar Metallstaub, starken Temperaturdifferenzen und vielfach dem Wetter ausgesetzt sind.

Die schwierigsten Schmierungsverhältnisse, welche überhaupt in der Technik auftreten, finden sich an den eigentlichen Walzwerksmaschinen. An vielen Stellen sind die auftretenden Schwierigkeiten auch heute noch nicht gelöst, d. h. man begnügt sich mit Laufzeiten der Zapfen und Lagerschalen, die nur $1/20$ bis $1/1000$ derjenigen betragen, wie sie sonst üblich sind. Natürlich ist das Problem Walzenzapfen und Lagerschale schon häufig in der Fachliteratur erörtert worden. In den letzten 10 Jahren hat man immer mehr erkannt, daß es unbedingt erforderlich ist, die Schmierung kontinuierlich und selbsttätig zu machen. Mehrfach wird empfohlen, an Stelle von Bronzelagern Lagerschalen mit Weißmetallausguß zu verwenden, jedoch hat sich eine deutliche Überlegenheit nicht gezeigt. Jedenfalls ist die Weißmetallschale bei Flächendrücken von über 70 kg pro cm² bereits nicht mehr sicher. Eine große Anzahl von Walzwerken werden immer noch für die Brikettschmierung eingerichtet. Die Brikettschmierung ist aus der altertümlichen Methode hervorgegangen, Speckstücke zur Schmierung zu verwenden. Naturgemäß ist eine große Schmierungssicherheit auf diese Weise nicht zu erzielen, man nimmt aber vielfach die starke Abnutzung der Walzenzapfen und Lagerschalen mit in Kauf, weil die Walzen selbst sich sehr stark abnutzen und man das ganze Aggregat zusammen in regelmäßigen Abständen instand setzt. Daß die einwandfreie Erhaltung der Walzenzapfen und Lagerschalen an sich auch unter den schwierigsten Bedingungen lösbar ist, wenn man diesem Punkt sein besonderes Augenmerk als Ingenieur zuwendet, zeigen die Arbeiten von Dr. Rohn[1] bei der Firma Heräus in Hanau. Da hier 50 proz. Nickelstahl und andere Materialien von 3—4facher Festigkeit gegenüber Flußstahl verwalzt wurden, waren die

---
[1] Rohn: Gleitlager in Walzwerken. Z. Metallkde 1931 Heft 3.

90 Die Praxis der Maschinenschmierung in einzelnen Industriegruppen.

Schwierigkeiten an sich noch größer als in allen andern Walzwerkbetrieben. Eine kleine Erleichterung waren vielleicht die geringen Abmessungen des zu verwalzenden Materials.

Natürlich waren hier auch eine große Reihe rein walztechnischer bzw. baulicher Probleme außerhalb der Schmiertechnik zu lösen,

Abb. 13. Einbau der Lagerschale für Höchstbelastung. (Nach Rohn.)

jedoch hat die richtige Schmiertechnik einen großen Anteil an den erzielten Erfolgen. Als sehr wirkungsvoll hat sich vor allen Dingen die Verwendung von gehärteten Zapfen und Lagerschalen aus einer besonders harten Zinnphosphorbronze von 28 Skleroskophärte erwiesen. Mit diesen Lagern war es möglich, Flächendrücke von über 500 bis zu 1000 kg pro cm² aufzunehmen, und doch nahezu vollkommene Schmierung zu erreichen. Die Zuführung des Schmiermittels erfolgt zwangläufig durch zahlreiche moderne

Schmierapparate und es wird nach Möglichkeit Öl verwendet, welches gereinigt und wieder verwendet werden kann. Dazu gehört eine ausgiebige Kühlung der Lagerschalen. Beim Einbau der Kühlung haben sich eigentümliche Erscheinungen gezeigt, die durch die gewaltigen spezifischen Flächendrücke zu erklären sind. Man versuchte nämlich zuerst, Lagerschalen mit Hohlräumen zu verwenden, welche gleich eingegossen waren. Diese haben sich nicht bewährt. Diese Art der Kühlung wird nämlich nur wirksam, wenn man sehr große Kühlwassermengen durch die Lagerschalen jagt. Außerdem zeigt sich, daß die hochbeanspruchten Bronzeschalen entweder schon porös waren oder nach kurzer Zeit porös wurden. Dasselbe zeigt sich, wenn man Bohrungen parallel zur Walzenachse in den Lagerschalen anbrachte. Führt man dagegen das Kühlwasser in nahtlosen Kupferröhren, die mit Weichlot in entsprechenden Nuten in der Lagerschale eingelötet sind, so bleiben die Lagerschalen dicht. Als Schmiermittel hat sich für diese Sonderfälle Rüböl und Voltolgleitöl sowie Kalypsolfett und Wollfett am besten bewährt. Alle Versuche haben übrigens ergeben, daß der Einfluß der Art des Schmiermittels sowie

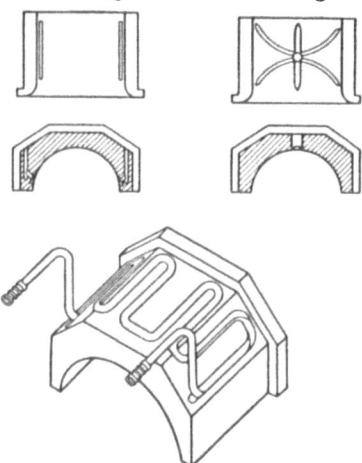

Abb. 14. Einzelheiten der Lagerschalen mit Wasserkühlung für Höchstbelastung. Rechts oben: Frühere Ausführung mit falschen Schmiernuten. (Nach Rohn.)

der Zusammensetzung der Lagerbronze bedeutend geringer ist, als die Wahl der richtigen Materialhärten und eine richtig gebaute Wasserkühlung (Abb. 13 und 14).

Die hier geschilderten Erfahrungen wurden mit Absicht ausführlich erörtert, weil sicherlich die erzielten Erfolge noch zu wenig bekannt sind und die gemachten Erfahrungen sich für viele Betriebe verwerten lassen. Dies gilt nicht nur für Metallwalzwerke aller Art (s. a. Abb. 32, S. 150), sondern auch für Kalander in Papierfabriken, Gummifabriken u. dgl., wo die Materialauswahl für Zapfen und Lager sowie die Schmiereinrichtungen teilweise noch zu wenig beachtet werden. In dem eben erwähnten Falle konnte die Abnutzung von mehreren Millimetern pro Woche auf Bruchteile von Millimetern im Jahr verringert werden. Ähnliche Erfolge sind noch an vielen Stellen zu erzielen.

Die Kraftzentralen in den Hüttenwerken und Walzwerken sind im allgemeinen vor Staub und klimatischen Einflüssen gut zu schützen, so daß hier keine besonderen Bemerkungen zu machen sind. Eine besondere Behandlung erfordern die elektrischen Umformeranlagen, sowie die großen elektrischen Walzenzugmotoren. Die Lager dieser Maschinen werden meist so dimensioniert, daß sie gerade noch als Ringschmierlager ohne Wasserkühlung oder Ölkühlung ausgeführt werden können. Dabei steigt die Temperatur bis an die Grenze dessen, was als Höchsttemperatur zuzulassen ist. Es werden Lagertemperaturen bis zu 80^0 bzw. Lagerübertemperaturen bis zu 45^0 beobachtet. Es wird nun vielfach versucht, eine größere Betriebssicherheit durch besonders dickflüssige Öle, und zwar meist Dampfzylinderöle zu erzielen. Dies ist ein Trugschluß und hochwertige Maschinenöle, welche bei etwa 80^0 eine Zähflüssigkeit von 3,5 aufweisen, haben die besten Resultate ergeben. Meist war es sogar möglich, die Lagertemperatur gegenüber Zylinderöl noch zu senken, ein Zeichen dafür, daß das Zylinderöl eine geringere Schmierfähigkeit aufwies.

Transmissionen, Transporteinrichtungen und Lagerstellen an ähnlichen Vorrichtungen in Hütten- und Walzwerken sind ebenfalls durch die Staubentwicklung schmiertechnisch gekennzeichnet. Soweit Ringschmierlager verwendet werden, muß eine häufigere Reinigung sowie ein Ablassen des Öles erfolgen als in weniger rauhen Betrieben. An Transporteinrichtungen spielt naturgemäß die Fettschmierung wieder eine große Rolle, und es ist noch ein größerer Nachdruck auf die Einführung von Zentralfettschmierung durch mechanische Fettapparate, Eindruckschmierung od. dgl. zu legen.

Maschinenübersicht. Metallgewinnung, Hütten- und Walzwerke.

Maschinen	Schmierstelle und Schmiervorrichtung	Schmierungsbedingungen	Schmiermittel
Aluminiumwalzwerke	Walzenzapfen Sl[1]	hoher Lagerdruck, Staub, Wärme	F2[2]
	übrige Lagerstellen Sa	hoher Lagerdruck, Staub	O17
Blechbearbeitungsmaschinen	alle Lagerstellen Sa, Sd	z. T. höchste Lagerdrücke	O17, F4
	zweckmäßig Sm	—	F4, O17
Drahtflechtmaschinen	alle Lagerstellen Sb, Sc, Sd	normale	O1, O15, F1
Drahtstiftmaschinen	alle Lagerstellen Sb, Sc, Sd	normale	O1, O15, F1

[1] Siehe S. 32.   [2] Siehe S. 24—27.

Maschinen	Schmierstelle und Schmiervorrichtung	Schmierungsbedingungen	Schmiermittel
Formmaschinen	alle Lagerstellen Sa, Sd	starke Verstaubung	O1, O15, F2
Andere Gießereimaschinen	alle Lagerstellen Sa, Sd	starke Verstaubung	O1, O15, F2
Kaltwalzen	Walzenzapfen Se, Sf, Sk	sehr hohe Lagerdrücke, Wärme	O17, F4 F3, F5
Kammwalzen	Walzenzapfen Sl	sehr hohe Lagerdrücke, Wärme	F3
	Zuführungsrollen usw. Sc oder Sk	—	O17, F4
Kaltwalzen für Material besonders hoher Festigkeit	Walzenzapfen Se, Sf	allerhöchste Lagerdrücke, Wärme	O19, O20 Wollfett
Illgner-Umformer Schwere Elektromotoren	alle Lagerstellen Sc	mittlerer Lagerdruck	O17

5. Textilindustrie.

Textilmaschinen nehmen bezüglich der Lagerung und Schmierung in verschiedener Hinsicht eine Sonderstellung unter den Arbeitsmaschinen ein. Zunächst sind eine sehr große Anzahl von Schmierstellen vorhanden, welche zum Teil nur einen winzigen Ölbedarf, zum Teil an denselben Maschinen in einigen Fällen auch einen großen Schmiermittelbedarf haben. Aus diesem Grunde ist die Einführung vollständiger Zentralschmierung an Textilmaschinen wegen der damit verbundenen Unkosten vorläufig schwer denkbar. Es kommt nämlich noch hinzu, daß eine große Reihe dieser Schmierstellen an stark beweglichen Teilen liegen, so daß man zwecks Zuführung auf gelenkige Rohre oder Schläuche angewiesen wäre, was die Anbringung der Zentralschmierung noch weiter verteuern würde. Eine weitere Eigentümlichkeit der Textilmaschinen besteht in der Art des Staubes, dem alle Lagerstellen und Reibungsstellen ausgesetzt sind. Der Staub ist insofern harmlos, als er weder Öl noch Metall angreift, allerdings muß er in regelmäßigen Abständen aus dem Öl entfernt werden, da er alle Schmiervorrichtungen wie Schmierringe, Tropföler, Ölsiebe u. dgl. im Betrieb stört.

Ein sehr wichtiger Punkt, in dem sich Textilbetriebe von andern Betrieben weitgehend unterscheiden, ist die Verteilung des Energieverbrauches. Wir können z. B. annehmen, daß in einem Betrieb der Metall- oder Gesteinbearbeitung im ungünstigsten Fall, d. h. bei Kraftübertragung durch Riemen und Antrieb der Maschinen in Gruppen mindestens 80% der zugeführten Energie für den Fabrikationsvorgang selbst, d. h. zur Spanabhebung oder zu anderen Formänderungen verbraucht werden. 20% der verbrauchten Energie werden zur Überwindung der Reibung in den Riementrieben und den Lagern der Maschine selbst verbraucht. Aus diesen Zahlen ergibt sich, daß Umstellungen in Betrieben der Metallbearbeitung oft nicht den zahlenmäßigen Erfolg haben, der erwartet wurde. Erzielt man z. B. durch Umstellung auf elektrischen Einzelantrieb eine Ersparnis von 50% der Leerlaufsarbeit, so ergibt dies nur 10% des Gesamtenergiebedarfes. Vielfach liegen die Zahlen noch ungünstiger, und es ist deswegen manchmal fraglich, ob die Unkosten einer Umstellung sich durch entsprechende Ersparnisse amortisieren lassen.

Ganz entgegengesetzt liegt der Fall in Textilbetrieben. Im reinen Spinnereibetrieb — also etwa in der Baumwollspinnerei sind an den Maschinen über 90% Leerlaufsarbeit. Weniger als 10% der der Arbeitsmaschine zugeführten Energie werden für den Arbeitsvorgang selbst verbraucht. In gemischten Betrieben, die also noch die Vorbereitung sowie gegebenenfalls Weberei enthalten, ist bei Gruppenantrieb durch Transmissionen — also bei unmoderner Einrichtung — mit einer Leerlaufsenergie von etwa 50% zu rechnen. Es ergibt sich daraus, von welcher Bedeutung alle Bestrebungen sind, die Reibungsarbeit und damit die Leerlaufarbeit überhaupt herabzusetzen.

Über die Verteilung des Energieverbrauches hat Jäger[1] Versuche gemacht, aus deren Resultaten hier einige Auszüge gegeben werden sollen. An einem Doppelfeinflyer ergab sich, daß nicht weniger als 95,5% Leerlaufsarbeit vorhanden sind und nur 4,5% der zugeführten Energie für den eigentlichen Spinnvorgang gebraucht werden. Den Hauptanteil der Energie verschlingen Spindeln und Getriebe mit 63%. Hier ist zweifellos durch konstruktive Maßnahmen wie Änderung der roh gegossenen hyperbolischen Getriebe und der Spindellagerung in kraftwirtschaftlicher Hinsicht noch viel Erfolg zu erzielen. Versuche mit geschnittenen und geschliffenen Hyperboloidwinkelrädern (Augsburg, Renk) und Präzisionsschraubenrädern und Wälzlagern dürften wohl gute Ergebnisse zeitigen. Einen zweiten großen Anteil der Energie verzehrt der Spulentrieb mit 20%. Man erkennt hier die Bedeutung jeder Bestrebung, nicht nur an allen Stellen nach Möglichkeit auch durch die Ölauswahl reine Flüssigkeitsreibung zu erzielen, sondern auch innerhalb der reinen Flüssigkeitsreibung noch möglichst geringe Verluste zu haben.

---
[1] Jäger, Karl Fr.: Leistungsmessungen an Spinnereimaschinen. Mitt. dtsch. Forsch.-Inst. Textilind. Reutlingen-Stuttgart.

Textilindustrie. 95

Bei einem Selfaktor zeigte sich anläßlich der Jägerschen Versuche ebenfalls eine erstaunlich hohe Leerlaufarbeit, die man mit über 70% ansetzen muß. Allerdings lassen sich die Leerlaufverluste hier nicht so einwandfrei als Prozente der mittleren Leistungsaufnahme bestimmen, weil der Selfaktor eine sehr stoßweise Leistungsaufnahme zeigt. Es ist jedoch sicher, daß bei unmodernen Selfaktoren durch Einbau von Sattler-Filzschmierung oder Wälzlagern (Rollenlagern) im geschlossenen Ölbad bereits 20% der mittleren Leistungsaufnahme gespart werden können.

Ähnliche Bilder ergeben sich bei Ringspinnmaschinen, wo der Spinnvorgang einschließlich Luftwiderstand zwischen 20 und 27% erfordert und bei der Ringzwirnmaschine, wo der Zwirnvorgang 8% der Leistungsaufnahme ausmacht. Es ergibt sich also auch bei diesen Maschinen die Forderung durch konstruktive Vervollkommnung und bestmögliche Schmierung der Trommeln und Spindeln den Kraftbedarf der Maschine nach Möglichkeit zu vermindern, da diese Elemente mit 62% am Leistungsaufwand zehren. In durchaus einwandfreier Form gelang dies mittels einer besonderen Trommelbauart (nahtlos gezogene Schüsse, dynamische Auswuchtung) und den Einbau von Wälzlagern. Auf diesem Gebiete haben sich die Vereinigten Kugellagerfabriken A.-G., früher SKF. Norma, Berlin, große Verdienste erworben. Reine Ölbadschmierung mit erprobten hochwertigen Ölen wird sich immer lohnen.

Gerade auf dem Gebiete der Spindelöle ist der Wettbewerb zwischen kleineren Händlerfirmen und größeren Erzeugern und auch der Preisunterschied sehr groß. Es ist aber bestimmt richtig, daß die technisch erfahrenen größeren Firmen Öle mit bedeutend geringerer Zähflüssigkeit und hohem Schmierwert liefern können, als man unter sonst gleichen Verhältnissen bei einem billigeren Öl erhalten würde. Dabei ergibt der höhere Schmierwert die Möglichkeit durch Verwendung eines leichtflüssigeren Öles an der gleichen Stelle großer Reibungsersparnisse. In Deutschland hat sich besonders die Deutsche Vacuum-Öl-Aktiengesellschaft Hamburg sehr viel mit Reibungs- und Leistungsversuchen in Textilbetrieben beschäftigt, um für jeden Fall die günstigsten Öle herauszufinden. Sehr günstig sind gerade für Textilbetriebe Öle mit flacher Viskositätskurve, da der Energieverbrauch in der Anlaufperiode hierdurch noch weiter herabgedrückt werden kann. Die Verbindung von flacher Viskositätskurve und hoher Schmierfähigkeit sichert auch den Voltolölen im Textilbetrieb immer einen Erfolg, welcher durch Messungen nachgeprüft werden kann (s. S. 5 u. 13).

a) **Handhabung der Schmierung.** Bei den Ringschmierlagern der Transmissionen in Textilbetrieben ist naturgemäß auf die Abdichtung zu achten, um die Verstaubung der Ölfüllungen möglichst zu verzögern. Ganz aufzuhalten ist die Verstaubung natürlich nicht, und es ist deswegen eine häufigere Entleerung und Säuberung der Transmissionslager notwendig, als in anderen Betrieben. Vielfach wird der Ölwechsel, der etwa halbjährlich vorzunehmen wäre, unterlassen, um eine Ölersparnis zu erzielen. Es sei deswegen nochmals darauf hingewiesen, daß das abgelassene Öl unter allen Umständen wieder voll verwendungsfähig gemacht werden kann.

Sehr ungünstig liegen die Verhältnisse noch bei den Selfaktoren. Es ist vorläufig nur gelungen, den Headstock durch Zentral-

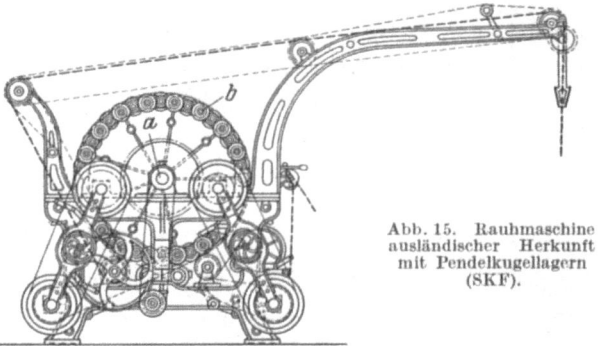

Abb. 15. Rauhmaschine ausländischer Herkunft mit Pendelkugellagern (SKF).

schmierung (Abb. 33) zu versorgen, während die Spindeln noch überall durch Handschmierung bedient werden. Man findet hier, daß die Filzleisten oft in zu großen Abständen gereinigt werden, so daß sie zu wenig aufsaugefähig für Öl sind, und zu viel verloren geht. Ferner empfiehlt es sich, nicht einfache Schmierkannen zu verwenden. Es sind verschiedene Vorrichtungen auf dem Markt, durch die es möglich ist, bei jedesmaligem Aufgießen eine bestimmte Ölmenge an die Schmierstelle zu bringen. Man kann dem Arbeiter genaue Vorschriften geben, wieviel Öl er aufzugießen hat, d. h. wie oft er die betreffende Schmiervorrichtung ansetzen muß. Als Spindelöl sowie auch als Lageröl für Selfaktoren wäre rein technisch ein recht dünnflüssiges Öl angebracht, jedoch würde dieses zu schnell fortlaufen und man geht deswegen zweckmäßigerweise nicht unter $3{,}0^0$ Engler bei 50^0 herunter, trotzdem hiermit ein erhöhter Energieverbrauch verbunden ist.

Viel besser ausgestattet bezüglich der Schmiereinrichtungen sind die übrigen Spinnmaschinen wie Ringspinnmaschine, Flügelspinnmaschinen, Ringzwirnmaschinen usw., wo wir zum Teil Ringschmierlager, Lager mit Fettschmierungen und an den Spindeln selbst meist Ölbadschmierung finden.

Völlig auf Handbetrieb eingestellt ist dagegen wiederum die Schmierung der Webstühle. Die Wellen laufen in gußeisernen ein- oder zweiteiligen Gleitlagern mit aufgesetzter Ölpfanne. Erst bei neueren Vollautomatenwebstühlen sind die größeren Lager für Ringschmierung eingerichtet, welche sich als sehr vorteilhaft erwiesen hat. Auch hier gilt jedoch das oben Gesagte bezüglich der Verstaubung. Es sind deswegen die Betriebsanleitungen besonders sorgfältig zu beachten. Kugellager, die gerade hier wegen der Kraftersparnis und Unempfindlichkeit gegen Verstaubung sehr vorteilhaft

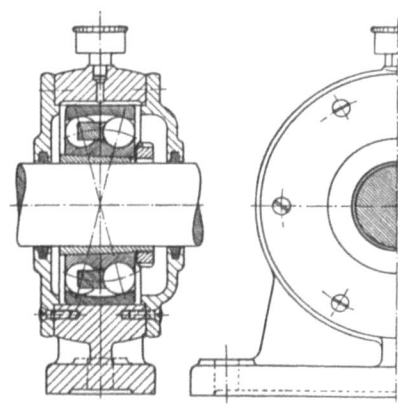

Abb. 16.

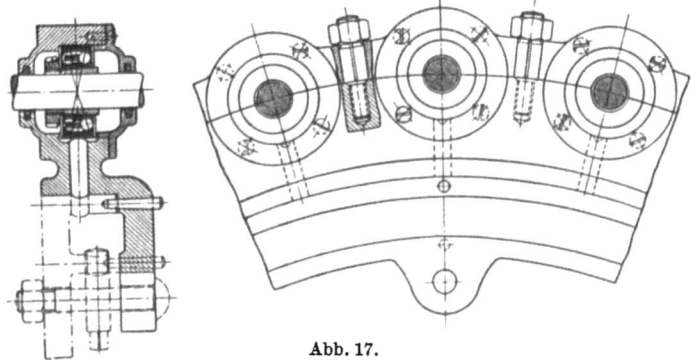

Abb. 17.

Abb. 16 und 17. Einzelheiten zur Rauhmaschine (s. Abb. 15 bei *a* und *b*).

wären, haben sich, abgesehen von den Spinnmaschinen, wenig eingeführt. Wegen der auftretenden Stöße müssen Kugellager oder Rollenlager ziemlich groß gewählt werden und die Maschinen werden hierdurch verteuert (Abb. 15—18). In Deutschland sind die Käufer bisher schwer zu bewegen gewesen, die höheren Preise für solche Maschinen anzulegen. Für schwingende Teile kommen auch an Webstühlen konsistente Fette als Schmiermittel zur Verwendung. Für die Stellen mit Ölschmierung empfiehlt es sich, wie an den Spinnereimaschinen, eher leichtflüssigere Öle zu verwenden als bisher allgemein üblich.

Eine besondere Erwähnung verdienen noch die Spezialwebstuhlöle, die besonders leicht auswaschbar sein sollen. Hierzu ist zu sagen, daß sich bei reinen Mineralölen wirkliche Unterschiede in der Auswaschbarkeit nicht ergeben haben, und daß man deswegen bei einigen großen Ölfirmen von der Lieferung solcher Öle gänzlich absieht. Stark gefettete und dabei sehr helle

Abb. 18. Nitschellager eines Krempels als Kugellager.
(Christian Gaier, Kirchheim.)

Webstuhlöle sind dagegen in der Tat etwas leichter auswaschbar. Eine gewisse Ausnahmestellung nehmen die sog. Weißöle ein, welche wirklich kaum Flecke verursachen. Bei diesen Ölen ist zu beachten, daß sie nur eine sehr geringe Schmierfähigkeit haben, und deshalb an Lagerstellen, die einen meßbaren Druck aufnehmen sollen, nicht verwendet werden können. Sie sind lediglich für Strickmaschinen und Nähmaschinen mit Erfolg zu verwenden.

Um einigermaßen die Nachteile der Handschmierung auszugleichen, empfiehlt es sich in den Betrieben Bilder (Abb. 19) anzubringen, welche die Schmierstellen der einzelnen Maschinen genau bezeichnen. Dazu gehört dann für jede Maschine eine

Textilindustrie. 99

Abb. 19. Wandbild mit Schmierstellenbezeichnung für Textilbetriebe (Ringspinnmaschine[1]).

Schmierungstabelle für Ringspinnmaschine[1].

Schmierstelle	Art	Schmieranweisung	Schmiermittel
A	Gleitlager, geringe Drehzahl	1 mal täglich	Maschinenöl 1 (O 15)
C	Ringschmierlager, geringe Drehzahl	1 mal wöchentlich	E-Motorenöl (O 14)
D	Lager mit Fettschmierung	1 mal wöchentlich nachfüllen, am Riffelzylinder 1 mal alle 2 Monate	Staufferfett (F 1)
E	Flexibel-Ringspindeln	alle 6 Wochen nachfüllen	Spindelöl (O 13)
F	Spinnringe	nach 1—2 Abzügen	Sonderfett

[1] Deutsche Spinnereimaschinenbau A. G.

7*

Schmiertabelle nach dem vorstehenden Muster. Für den Betrieb wäre dabei zweckmäßig, die Zähigkeitsangabe des Öles fortzulassen und eine entsprechende einfache Bezeichnung des Schmiermittels einzusetzen.

b) Versuche mit verschiedenen Schmiermitteln. Eine Zusammenstellung der Resultate, die durch besonders geschickte Ölauswahl zu erzielen sind, ergibt folgendes Bild: Bei der elektrischen Messung des Leistungsbedarfes einer Gruppe von 19 Ringzwirnmaschinen mit Einzelantrieb durch Drehstrommotor ergab bei handelsüblichen Schmiermitteln einen Leistungsbedarf von 152,6 kW. Nach Übergang zu Schmiermitteln, die nach besonderen Erfahrungen geschickt ausgewählt waren, war die Leistungsaufnahme nur noch 122 kW. Es ergab sich also eine Leistungsersparnis von 30 kW oder ungefähr 20%. Der Erfolg wurde erzielt durch Verwendung von Ölen sehr geringer Zähigkeit aber hohen Schmierwertes, wobei also die Betriebssicherheit nicht vermindert wurde. Die Zähigkeit entsprach ungefähr den in vorstehender Tabelle angegebenen Mindestwerten, während die vorher benutzten Schmiermittel in ihrer Zähigkeit weit höher lagen.

Es sei in diesem Zusammenhang noch eine weitere Messung erwähnt, und zwar an einer Ringspinnmaschine englischen Fabrikates, die etwa 20 Jahre alt war und 440 Spindeln enthielt. Die Messung erfolgte hier mittels eines Torsionsdynamometers besonderer Konstruktion[1], mit dem auch die vorher erwähnten Messungen von Jäger erfolgten. Bei dieser Ringspinnmaschine ergab sich ein Leistungsbedarf bei in üblicher Weise ausgewählten Schmiermitteln von 4,36 PS für die eine Spinnmaschine, und dieser Leistungsbedarf sank bei Schmiermitteln besonderer Auswahl auf 3,72 PS — also um fast 15%.

Bei den Messungen, die unter neutraler Aufsicht stattfanden, wurden alle erdenklichen Vorkehrungen getroffen, um den Einwand der sog. Paradeversuche zu entkräften. Beispielsweise wurden die Messungen mit den Sonderölen erst nach einer langen Einlaufszeit durchgeführt.

Noch günstigere Resultate würden sich ergeben, wenn man den Kraftbedarf in den ersten 2 Stunden eines Arbeitstages bei Verwendung von normalen und besonders ausgewählten Ölen vergleichen würde. Leider sind solche Versuche noch nicht unternommen worden, wenigstens für Textilbetriebe, es würde sich jedoch im allgemeinen Interesse dringend empfehlen.

---

[1] Konstruktion der Deutschen Vacuum-Öl-A.-G. Hamburg.

Feinmechanik, Optik.

Maschinenübersicht. **Textilbetriebe.**

Maschinen	Schmierstelle und Schmiervorrichtung	Schmierungsbedingungen (besondere Einflüsse)	Schmiermittel
Wollwäschereimaschinen	alle Lager Sa, Sc [1]	Feuchtigkeit, Spritzwasser	O 15, O 19 [2]
Färbereimaschinen	alle Lager Sa, Sc	Feuchtigkeit, Spritzwasser	O 15, O 19
Ballenpressen	alle Lager Sa	Staub	O 15
Hanfspinnereimaschinen	alle Lager Sa	sehr starke Verstaubung	O 15
Ringspinnmaschinen	Gleitlager Sa, Sk	—	O 15, F 1
	Ringschmierlager Sc	—	O 14
	Spindellager Sc	—	O 13
	Spinnringe Sk	—	Sonderfett
Selfaktoren	Headstock Sa, Se	—	O 15
	Spindeln Sa, Sb	—	O 14
	übrige Lagerstellen Sa	—	O 15
Flyer	Triebwerkslager Sa	—	O 15
	Spindelhalslager Sc	—	O 13
	Spindelfußlager Sc	—	O 13
	Riffelzylinder, Spindeln und Spulentriebwellen Sa, Sk	—	O 15, F 1
Ringzwirnmaschinen	Triebwerk Sa, Sc	—	O 15
	Spindeln Sc	—	O 13
	Zwirnringe	—	Sonderfett
Krempelmaschinen	Lager mit Ölschmierung Sa, Sc	—	O 15
	Fettschmierung Sk	—	F 1
	Hackerlager Sa	starke Stöße	F 5, O 17
Webstühle	sämtliche Lager Sa, Sc	Stöße	O 15, O 19
Kämmaschinen	sämtliche Lager Sa	starke Verstaubung	O 15
Mercerisier-Appretiermaschinen	Walzenlager Sk, Se	starker Druck, Wärme	O 17, F 5
Kalander	Walzenlager Sk, Se	starker Druck	O 17

6. Feinmechanik, Optik.

Die Anforderungen, die an die Schmiermittel in der Feinmechanik gestellt werden, unterscheiden sich in mehrfacher Hinsicht wesentlich von den Anforderungen des allgemeinen Maschinenbaues. Wir wollen auf die hier vorliegenden Verhältnisse besonders eingehen, weil die Vorgänge sehr lehrreich auch für andere Zweige der Technik sind und weil die Instandhaltung der Meßinstrumente vielfach etwas stiefmütterlich erfolgt. Die Besonderheiten der Schmiertechnik in der Feinmechanik sind zu-

---

[1] Siehe S. 32.   [2] Siehe S. 24—27.

nächst in der Art der auftretenden Reibung begründet. Ferner ist zu beachten, daß in den meisten Lagern der feinmechanischen Geräte oft auf Jahre hinaus ein winziges Öltröpfchen eine ausreichende Schmierwirkung erzeugen muß, und daß dieses Tröpfchen inzwischen nicht erneuert werden kann.

Im allgemeinen Maschinenbau wird wenigstens versucht, überall die Vorbedingungen für reine Flüssigkeitsreibung zu schaffen, und dies gelingt auch an sehr vielen Stellen ziemlich gut. In den meisten Lagern der feinmechanischen Geräte läßt sich dagegen nach den Beobachtungen sehr vieler Fachleute dieser Zustand auch nicht annähernd herstellen. Besonders eingehend hat sich u. a. Dr. Cuypers[1], Dresden, mit diesen Fragen beschäftigt. Er kommt zu derselben Feststellung. Die Geschwindigkeiten, welche hier auftreten, sind vielfach so gering, dagegen der von der Antriebskraft (Gewichte, Zugfedern) auf die Zapfen ausgeübte Druck so groß, daß ein eigentliches Anheben des Zapfens infolge der Pumpwirkung, wie sie in normalen Lagern auftritt, gar nicht in Frage kommt. Es kommt also darauf an, Schmiermittel auszuwählen, die unter diesen Umständen auf den Gleitflächen von selbst einen Film ausbilden, wenn dieser vielleicht auch nur äußerst dünn ist. Es wird von einigen Forschern angenommen, daß sich Ölfilme von einem Molekül Stärke auf Metallflächen ausbilden können, die trotzdem eine starke Reibungsverminderung bewirken. Bewiesen ist die Ausbildung solcher Schichten bei der Ausbreitung von Öltropfen auf Wasser, bei Metallflächen dagegen nicht. Immerhin steht fest, daß geeignete Schmiermittel bereits in äußerst dünnen Schichten eine starke Reibungsverminderung hervorrufen können. Es spielt also hier die Schmierfähigkeit eine sehr große Rolle. Aus den Abnutzungserscheinungen der feinmechanischen Triebwerke ergibt sich in der Tat, daß eine annähernde Erzielung der reinen Flüssigkeitsreibung nicht möglich ist. Während bei Transmissionslagern teilweise nach 500000000 Umdrehungen noch keine wesentliche Abnutzung festzustellen war, und die Abnutzung bei Pleuellagern von Automobilmotoren unter verhältnismäßig ungünstigen Schmierungsverhältnissen auch nur etwa $1/10$ mm bei 100000000 Umdrehungen betragen kann, beobachtet man bei feinmechanischen Instrumenten Abnutzungen von $1/10$ mm bereits nach wenigen Millionen Umdrehungen. Dabei ist noch zu berücksichtigen, daß die erwähnte Abnutzung an dem Automobilpleuellager höchstens 0,5% des Durchmessers beträgt,

---

[1] Cuypers: Besonderheit der Schmiertechnik bei feinmechanischen Instrumenten. Zwangl. Mitt. dtsch. u. öst. Verb. Mat.-Prüfg. 1930 Nr 17 (März).

während die Abnutzungen an Instrumenten nach dem angegebenen Wert leicht 4—5% des Zapfendurchmessers ausmachen. Es erscheint merkwürdig, daß es durch konstruktive Maßnahmen nicht möglich sein sollte, geringere Abnutzungen durchzusetzen. Natürlich spielt die erwähnte Besonderheit, daß ein winziger Öltropfen nur zur Verfügung steht, bei der schlechten Erhaltung der Lagerstellen ebenfalls eine Rolle. Damit der Schmierungszustand einigermaßen günstig ist, muß also der Öltropfen vor allen Dingen im Lager bleiben und sich nicht über die ganze Umgebung ausbreiten. Ferner muß die Zähigkeit des Öles möglichst sich mit der Temperatur nicht zu stark verändern und schließlich muß das Öl alterungsbeständig sein.

Nach Dallwitz-Wegener wären stark benetzende Öle die schmierfähigsten, jedoch zeigt gerade bei dem vorliegenden Fall, daß ein stark benetzendes Öl auseinanderläuft, und daß die Benetzungsfähigkeit mit der Schmierergiebigkeit nichts zu tun hat. Am wenigsten auseinander laufen alle fetten Öle, und zwar wird dies heute zurückgeführt auf ihr größeres Molekularvolumen und die ausgesprochen längliche Form ihrer Moleküle, wie es bereits erwähnt wurde. Schmierfähigkeit und gutes Zusammenbleiben des Tropfens finden wir also am besten bei fetten Ölen vereinigt.

Auch die geringe Abnahme der Zähflüssigkeit mit steigender Temperatur, die bei der Feinmechanik ein wichtiges Erfordernis ist, ist bei fetten Ölen vorhanden, so daß sie in dieser Beziehung ebenfalls den Vorzug vor reinen Mineralölen verdienen. Es kommt noch hinzu, daß bei Instrumenten bei Übergang zu Frosttemperaturen kein Ölwechsel vorgenommen werden kann. Für besondere Zwecke wie Flugzeuginstrumente, Schaltuhren für Straßenbeleuchtung u. dgl. verlangt die feinmechanische Industrie heute zum Teil Öle, die bei plus 60° noch genügend schmierfähig sind und bei minus 60° ebenfalls noch nicht völlig erstarrt sind. Wie wir bereits gesehen haben, spielt der sog. Stockpunkt heute kaum noch eine praktische Rolle und auch für den vorliegenden Fall wäre das Verlangen nach einem Öl mit minus 60° Stockpunkt gar nicht zu erfüllen. Ein solches Öl wäre bei normalen Temperaturen wegen zu großer Dünnflüssigkeit unbrauchbar. Man geht deswegen auch bei der feinmechanischen Industrie dazu über, eine gewisse Mindestzähflüssigkeit bei den zu erwartenden Temperaturen zu verlangen, wobei das Öl bereits in einen dick salbenartigen Zustand übergegangen sein kann.

Bezüglich der Alterung sind natürlich die Öle in dem Lager eines feinmechanischen Instrumentes weit mehr gefährdet, als an allen andern Schmierstellen. Wie heute wohl feststeht, spielt der

104   Die Praxis der Maschinenschmierung in einzelnen Industriegruppen.

Luftsauerstoff bei der Alterung der Öle die Hauptrolle und die Einflüsse der verschiedenen anwesenden Metalle sind bedeutend geringer. Durch Sauerstoff sind aber die Öle in der Feinmechanik wegen der großen Oberfläche, welche sie ihm während sehr langer Zeit beständig darbieten, aufs äußerste gefährdet. Bei dieser langen Einwirkung spielen dann die Metalle der Zapfen und Lager natürlich ebenfalls eine Rolle. Aus diesem Grunde sind reine fette Öle aller Art fast für alle Zwecke ungeeignet. Da andererseits reine Mineralöle eine zu geringe Schmierfähigkeit besitzen und außerdem dazu neigen, auseinanderzulaufen, ist man immer noch auf eine Kompromißlösung angewiesen. Es haben sich hochraffinerte Mineralöle, die mit bestimmten entsprechend vorbehandelten fetten Ölen, hauptsächlich Klauenöl und Knochenöl versetzt sind, am besten bewährt. Nach Ansicht des Verfassers muß es aber auch möglich sein, reine Mineralöle von entsprechender Schmierfähigkeit zu finden oder herzustellen. Ob schon Versuche in ausreichendem Maßstab mit filtrierten leichtflüssigen Ölen pennsylvanischer Herkunft gemacht worden sind, entzieht sich der Kenntnis des Verfassers. Auf jeden Fall müßte es möglich sein, da die Kosten hier nur eine nebensächliche Rolle spielen, synthetische Öle entweder durch planmäßigen Aufbau aus den Grundkohlenwasserstoffen oder durch entsprechende Lenkung des Hydrierverfahrens so herzustellen, daß sie geringen Abfall der Zähflüssigkeit, geringes Auseinanderlaufen und große Beständigkeit gegen Altern vereinigen (s. S. 17 u. 26).

7. Nahrungs- und Genußmittelindustrie.

a) **Zuckerindustrie.** Die eigentlichen Zuckerfabriken werden vor allen Dingen dadurch gekennzeichnet, daß die Maschinen während 8 Monaten im Jahr still liegen. Während dieser Zeit ist es üblich, sämtliche beweglichen Teile, welche uns hier hauptsächlich interessieren, auszubauen und notwendige Reparaturen mit aller Gründlichkeit vorzunehmen. Meist werden sämtliche Lager entleert und gegebenenfalls nachgeschabt. Unbedingt erforderlich ist die Öffnung der Verdichterzylinder. Dagegen sollte eine Öffnung von Dampfmaschinenzylindern nach jeder Kampagne, d. h. nach einer Betriebszeit von rund 1000 Stunden nur in Ausnahmefällen notwendig sein. Bei größeren Fabriken findet man schon vielfach Dampfturbinen als Antriebsmaschinen, obgleich ihre Überlegenheit gegenüber der Kolbenmaschine bei wechselnder Abdampf- und Zwischendampfentnahme noch umstritten ist. Auch bei Dampfturbinen findet man noch vielfach, daß

Nahrungs- und Genußmittelindustrie. 105

nach jeder Kampagne eine Reinigung des Umlaufsystemes und ein Ölwechsel stattfindet. Dies ist aber bestimmt überflüssig, und eine Turbine muß 5 Kampagnen ohne jede Überholung durchhalten. Ein weiteres Kennzeichen des Zuckerfabrikbetriebes besteht darin, daß jeder Stillstand während der Kampagne eine Verzögerung und sehr stark erhöhte Unkosten bedeutet. Es muß deswegen auch die Schmierung ganz besonders sorgfältig durchgeführt werden. Ein erschwerender Umstand für den Betrieb ist der, daß an jeder Maschine 2—3 Bedienungsleute sich in Schichten abwechseln, und daß das Personal bis auf den Meister und einige Handwerker außerhalb der Kampagne in anderen Berufen, vielfach als Landwirt arbeitet. Es dürfte sich deswegen immer lohnen, gerade die Schmierung von der Bedienung möglichst unabhängig zu machen und soweit wie möglich automatische Schmiereinrichtungen, Umlaufschmierungen usw. einzubauen. Ganz besonders erleichternd wirkt natürlich der elektrische Einzelantrieb aller Maschinen, jedoch ist ein weiterer erheblicher Umbau der jetzt noch arbeitenden Zuckerfabriken für die nächsten Jahre wohl nicht mehr zu erwarten.

Bezüglich der Kraftmaschinen sei auf die entsprechenden Abschnitte verwiesen. Bei der Zylinderschmierung der Kolbendampfmaschinen ist zu beachten, daß vielfach nach Umbauten mit niedrigem Dampfdruck bei verhältnismäßig hoher Überhitzung gefahren wird, was bei der Zylinderölauswahl ins Gewicht fällt (s. S. 40).

Die Vorbereitungs- und Reinigungsmaschinen stehen meist im Freien und es ist bei der Ölauswahl darauf Rücksicht zu nehmen, daß gegen Ende der Kampagne schon starke Fröste auftreten. Dabei ist bei der Ölauswahl wiederum wichtig, daß die Öle bei normalen Außentemperaturen nicht zu leichtflüssig sind. Bei der Rübenreinigung ist, soweit keine Fettschmierung in Frage kommt, noch zu beachten, daß die Lager vom Wasser bespült werden und daher gefettete oder sonst gut haftende Öle erforderlich sind.

Die Transmissionslager sind dadurch gekennzeichnet, daß sie teilweise in sehr warmen Räumen laufen, und es ist ein Transmissionsöl durchgängig zu verwenden, welches bei der höchsten in Frage kommenden Öltemperatur im praktischen Betrieb eine Zähigkeit von nicht unter $3{,}0^0$ E hat.

Ein ganz besonderes Kapitel sind die Verdichter im Zuckerfabriksbetriebe. Hier sind zunächst die Kohlensäurepumpen zu erwähnen. Es ist ein Fehler, das Öl in die Saugleitung zwecks Zylinderschmierung einzuführen, da die Strömungsgeschwindigkeit zu gering ist. Das Öl muß direkt auf die Gleitflächen des Zylinders mittels guter Drucköler zugeführt werden. Dabei ist noch zu beachten, daß trotz aller Vorkehrungen geringe Staubmengen verschiedener Zusammensetzung ständig in den Zylinder gelangen. Interessant sind die Untersuchungsresultate von Rückständen aus Kohlensäurepumpen. Sind beträchtliche Prozentsätze von Kalkverbindungen zu finden, so deutet dies auf ungenügend gereinigtes Gas. Sind dagegen größere Anteile von eingedicktem Öl vorhanden, so war das Öl unrichtig gewählt, und es kann auch eine übermäßige Schmierung oder eine ungleichmäßige Schmierung durch veraltete Schmierapparate die Schuld tragen. Bestehen die Rückstände wiederum zum großen Teil aus Eisen oder Eisenverbindungen, so kann zu geringe Schmierung oder wiederum ungeeignetes Öl die Schuld sein. Ganz besonders ist davor zu warnen, Dampfzylinderöl wegen der angenommenen hohen Temperaturen zur Schmierung zu verwenden, da dies eine falsche Zusammensetzung hat. Werden Rückstände vermutet, und ist ein Anhalten der Maschinen nicht möglich, so ist eine zeitweilige Zuführung von heißem Seifenwasser zur Lösung der Rückstände vielfach üblich und auch günstig.

Ein schwieriger Punkt ist in allen Betrieben dieser Art die Schmierung der Trockenluftpumpen, und man nimmt bei älteren Konstruktionen meist die Schwierigkeiten als unlösbar in Kauf. Dies ist jedoch nicht der Fall. Auf die Schmierung von Vakuumpumpen wurde bereits eingegangen, jedoch sind hier einige Besonderheiten zu beachten. Die abgesaugten Gase bestehen aus Wasserdampf, Luft und Ammoniakspuren, und die Ansaugtemperatur liegt hoch, nämlich zwischen 45 und 55°. Dabei kann, wenn der Luftteildruck hoch ist, die Endtemperatur bis zu 200° C ansteigen. Die Schwierigkeiten werden dadurch erhöht, daß bei vielen Konstruktionen eine wirksame Kühlung der Steuerungsteile nicht vorhanden ist. Um die Schwierigkeiten zu überwinden, ist zunächst wieder eine geeignete Ölzuführung direkt auf die Gleitflächen durch moderne Schmierapparate erforderlich. Als Schmiermittel muß ein solches Öl gewählt werden, welches bei 200° noch keine wesentliche Verdampfung zeigt und einen möglichst geringen Gehalt an sog. Zylinderölstocks aufweist. Besonders zu empfehlen sind hier reine Destillate ohne jeden Gehalt an Stocks. Man findet auch hier beim Einkauf immer wieder den Fehler, daß auf hohen Flammpunkt des Öles geachtet wird, was gänzlich zwecklos ist.

Entsprechend den geschilderten Verhältnissen sind an den Vakuumpumpen die Schmierungsstörungen fast immer auf falsche Ölauswahl zurückzuführen. Man hat sich mit diesem Zustand abgefunden und hat entweder Pumpen in Reserve oder hält den

Betrieb mehrere Male während der Kampagne an, lediglich um die Vakuumpumpe instand zu setzen. Die Rückstände, die dann entfernt werden, bestehen fast immer aus eingedicktem Öl, wobei noch der Fehler beobachtet wird, daß man glaubt, die Schwierigkeiten durch überreichliche Ölförderung zu vermindern, während sie hierdurch nur weiter vergrößert werden. Der Verfasser konnte noch mehrere Fälle beobachten, wo die Rückstände auf unreines Gas mit Zuckerspuren u. dgl. hinwiesen. Es handelte sich dabei in einem Falle um eine besonders gut geleitete Fabrik. Bei genauer Untersuchung ergab sich in der Tat das Vorhandensein von Unreinlichkeiten im Gase, die allerdings nur gering waren, jedoch bei den großen Gasmengen den Betrieb der Pumpe stören mußten. Nach Einbau von Koksfiltern in die Ansaugleitung verschwanden die Pumpenschwierigkeiten mit einem Schlage.

Ein großer Teil der Luftpumpen wird als Rotationsgebläse ausgeführt und es sei auf die entsprechenden Ausführungen weiter vorn hingewiesen.

Eine besondere Bemerkung verdienen noch die Zentrifugen, bei denen auf die verschiedenartige Ausführung mit Spurlager oder Hängelager sowie auf den verschiedenartigen Antrieb durch Dampfturbinen, Wasserturbinen oder Transmission Rücksicht zu nehmen ist. Sind, wie bei Dampfturbinenantrieb oder bei sehr warmen Räumen, höhere Temperaturen zu erwarten, so muß bei der Fettauswahl für Kugellager hierauf Rücksicht genommen werden. Spurlager werden meist nicht als Kugellager ausgeführt und es muß dann ein Öl gewählt werden, welches bei der zu erwartenden Temperatur nicht unter 2^0 E hat. Bei Kugellagern spielt, wie bereits erwähnt, die Ölzähigkeit nur eine ganz geringe Rolle.

Es sei noch kurz hingewiesen auf die Schmierung der Darren. Bei älteren Ausführungen finden sich Ringschmierlager, welche unter Temperaturen zwischen 150 und 200^0 C arbeiten müssen. Auch die modernen Trommeltrockner haben zwei Lager, die unter erhöhter Temperatur laufen. Hier sind Öle erforderlich, die bei den Temperaturen noch eine genügende Zähflüssigkeit von mindestens $3,0^0$ E haben müssen, außerdem aber müssen sie eine längere Erhitzung ohne Veränderung aushalten, so daß eine Kampagne durchgehalten werden kann, wobei lediglich eine Nachfüllung erforderlich ist.

Ein wichtiger Punkt im Zuckerfabriksbetriebe ist die Ölrückgewinnung. Bei den Dampfmaschinen muß schon aus betrieblichen Gründen eine gute Abdampfentölung vorhanden sein, und da man wegen der Eigenart der Bedienung eher mit etwas reichlichem

108 Die Praxis der Maschinenschmierung in einzelnen Industriegruppen.

Ölverbrauch fährt, ergeben sich große Mengen von Zylinderablauföl. Es hat sich gezeigt, daß dieses bei richtiger Auswahl und Behandlung zu 60% wieder verwendet werden kann. Vielfach sind noch weit bessere Ergebnisse erzielt worden. Auch das Kompressorenöl läßt sich zum großen Teil zurückgewinnen und wieder verwenden, wenn bei der Ölauswahl darauf Rücksicht genommen würde, daß es nicht zu stark emulgiert.

Besonders gute Erfolge sind aber mit der Organisation der Rückgewinnung des Triebwerksöles sowie Transmissionsöles gemacht worden. Die Gewohnheit, das Ablauföl von der Hauptmaschine ohne jede Kontrolle an dem Betrieb herauszugeben, ist durchaus zu verwerfen. Es gibt verschiedene andere Lösungen. Am besten ist es, daß jeder Betrieb sein Ablauföl an das Magazin zurückliefert, und daß dieses nach der Kampagne gereinigt und bei der nächsten Kampagne wie frisches Öl ausgegeben wird. In einigen Betrieben war auch die Aufarbeitung der Ablaufole während der Kampagnen möglich, und es ist durch geschickte Ölauswahl in einigen Fällen möglich gewesen, den Ölverbrauch z. B. von 70 Faß auf 12 Faß pro Kampagne bei stark erhöhter Produktion herabzusetzen.

Außer Berücksichtigung bleiben hier Ersparungen durch elektrischen Einzelantrieb, der natürlich vielfach ganz überraschende Schmiermittelersparnisse durch Fortfall der kleinen Kolbendampfmaschinen bringt.

Maschinenübersicht. Zuckerfabriken.

Maschinen	Schmierstelle und Schmiervorrichtung	Schmierungsbedingungen	Schmiermittel
Rübenschwemmpumpe	Elektromotor Sc [1]	Außentemperaturen	O 1 [2]
	Zahnradgetriebe Sk	Außentemperaturen	F 6
	Handschmierstellen	Außentemperaturen	O 16
Waschmaschinen	Lager Sc, Sa	Wasser	O 16
Schneidemaschinen	Kugellager Sk	—	F 1
	Zahnräder Sa	Holz auf Eisen	F 6
		Eisen auf Eisen	F 5
Schnitzelpressen	Kammlager Sb	—	O 16
	Kugeldrucklager Sk		F 1
	Zahnräder Sa		F 5
Trockenanlagen	Lager der Wender Sc	sehr hohe Temperaturen	O 5
	Lager der Stützrollen Sc	sehr hohe Temperaturen	O 5

[1] Siehe S. 32.   [2] Siehe S. 24—27.

Nahrungs- und Genußmittelindustrie. 109

Maschinen	Schmierstelle und Schmiervorrichtung	Schmierungsbedingungen	Schmiermittel
Saturationspumpen	Zylinder Se	sehr hohe Wärmebeanspruchung	O 5
	Rotationspumpengehäuse Se	desgl.	O 18
Trockenluftpumpen	Zylinder Se	desgl.	O 5
Zentrifugen	Linsenspurlager Sc	Wärmebeanspruchung	O 14
	Kugeldrucklager Sc und Sh	desgl.	O 14
	Hängelager Sk	desgl.	F 4
Transmissionslager sowie sonstige normale Lager	Sa und Sc	desgl.	O 17

b) Andere Nahrungsmittelbetriebe. Von sonstigen Schmierungsproblemen in der Nahrungsmittelindustrie ist zunächst zu erwähnen die Schwierigkeit, welche im Mühlenbetrieb durch den Mehlstaub auftritt. Der Mehlstaub gehört mit zu den feinsten Staubarten und ist durch keine Dichtung aus den Lagern fernzuhalten. Allerdings werden die Hauptantriebsmaschinen hiervon nicht betroffen, da man sie in ganz gesonderten Räumen ziemlich entfernt von den übrigen Betrieben unterbringen kann. Auch größere Elektromotoren bringt man schon wegen der Funkengefahr in gesonderten und abgedichteten Räumen unter, so daß hier mit normalen Verhältnissen zu rechnen ist. Die Transmissionen und eigentlichen Müllereimaschinen sind dagegen vor dem Staub nicht zu schützen und die Ölfüllungen der Ringschmierlager sind infolgedessen auf den Zustand des Öles häufig zu kontrollieren. Sehr gut abzudichten sind Tropföler und Nadelöler, und man findet deswegen an vielen Stellen der Transmissionen usw. im Mühlenbetriebe noch heute diese Schmiervorrichtungen, wogegen im Interesse einer großen Betriebssicherheit hier kaum etwas einzuwenden ist.

In Schokoladenfabriken und einer Reihe ähnlicher Betriebe findet ebenfalls eine starke Verstaubung des Öles statt, wozu noch bei den Schokoladenwalzen teilweise hohe Lagertemperaturen und hohe Drücke kommen. Es sei hier auf die Bemerkungen hingewiesen, die bei Appretiermaschinen in der Textilindustrie und bei Papierkalandern gemacht werden (Abb. 20, S. 114).

In Brauereibetrieben sind in den letzten Jahren Transmissionen fast völlig fortgefallen, welche infolge der Wärme und Feuchtigkeit oft zu Schwierigkeiten Anlaß gaben. Ferner findet man gerade in Brauereibetrieben häufig sehr moderne Dampfmaschinen mit hohen Überhitzungstemperaturen bei Gegendruck oder Anzapfbetrieb. Es hängt dies damit zusammen, daß die Rentabilität einer Brauerei sehr stark von der Ausnutzung aller wärmetechnischen Möglichkeiten abhängig ist. Es sei deswegen auf die Bemerkungen bezüglich Dampfmaschinen im allgemeinen wie auch in Zuckerfabriken hingewiesen (s. S. 32).

Ein gemeinsames Kennzeichen vieler Nahrungsmittelbetriebe, wie Kakesfabriken, Würstchen- und Fleischwarenfabriken, Großbäckereien usw., besteht schließlich darin, daß viele Schmierstellen an kontinuierlich arbeitenden Backöfen, Räucheröfen und dergleichen in Räumen sehr hoher Temperaturen, und zwar bis zu 300° liegen, welche ein Schmiermittel erhalten müssen. Dabei ist aber außerdem noch zu berücksichtigen, daß die Fabrikate nicht durch Ölgeschmack beeinträchtigt werden dürfen. Hier hat der Verfasser in Einzelfällen mit zweckmäßig angewendeten Graphitschmiermitteln gute Erfolge erzielt.

8. Papierfabrikation.

Die Papier- und Zellstoffabriken gehören zu den Betrieben, in denen an sehr vielen Stellen noch eine übermäßige Abnutzung trotz reichlicher Schmierung als gegeben hingenommen wird. Es hängt dies damit zusammen, daß sehr viele Lagerstellen mit großen spezifischen Belastungen vorhanden sind, wobei gleichzeitig die Bedingungen für Aufrechterhaltung eines Schmierfilms aus verschiedenen Gründen schlecht sind. Die Gründe bestehen hauptsächlich darin, daß zum Teil Feuchtigkeit bzw. fließendes Wasser zum Teil hohe Wärme in Form von Leitung oder Strahlung an die Schmierstellen gelangt. W. Ernst[1] gibt Zahlen an, welche amerikanischen Beobachtungen entstammen, und welche nach Erfahrungen des Verfassers auch stimmen, wonach in manchen Betrieben die Ausgaben für Energie fast 50% der Gesamtherstellungskosten ausmachen. Hiermit nimmt die Papierfabrikation mit einigen andern Industrien eine Ausnahmestellung ein. Es ist nun leicht einzusehen, welche Energiemengen gespart werden können, wenn die außerordentlichen Abnutzungserscheinungen an manchen Lagerstellen beseitigt werden. Dies ist stellenweise mit ganz einfachen Mitteln möglich gewesen und es

---

[1] Ernst, W.: Amerikanische Erfahrungen mit der Schmierung von Papiermaschinen. Z. Papierfabrikant 1927, Nr 25, S. 1777. — Steinitz-Wannsee: Sonderschmiermittel in der Papierfabrikation. Ebenda 1929, Nr 17, S. 268.

ist nicht übertrieben, wenn man sagt, daß in manchen Betrieben nur durch geeignete Schmierung und Maschinengestaltung bezüglich der Lagerstellen 5% der bisher verbrauchten Energie zu sparen sind. Damit wären die Herstellungskosten um bis zu 2,5% zu drücken. Ernst gibt Zahlen von Kalandern an, wo nur durch richtige Handhabung der Schmierung 20% der zugeführten Energie bei gleichzeitiger stark verbesserter Erhaltung der Maschinen erspart werden können. In einem andern Fall sank allein der Verbrauch an Lagermetall durch geeignete Schmierungsmaßnahmen von 3000 kg auf 1200 kg pro Jahr. Hieraus kann man schließen, wie stark die anderen Maschinenreparaturen gleichzeitig abgenommen haben.

Als erste Maschinengruppe im Fabrikationsgang finden wir in der Zeitungspapierfabrikation die Entrindungsmaschine, während in Zellstoffabriken die Entrindung mit der Hand vorgenommen wird. Überhaupt ist gerade in Deutschland noch die Handentrindung sehr verbreitet. Bei den sog. Messerentrindungsmaschinen sind normale Ringschmierlager vorhanden, welche keiner Sonderbehandlung bedürfen. An den Trommelentrindungsmaschinen werden dagegen die Lager vielfach vom Wasser bespritzt und es sind hier Vorkehrungen zu treffen, auf die später noch zurückzukommen ist.

Es folgen nunmehr die Holzschleifer, welche bis zu 3000 PS pro Maschine verbrauchen, wobei die Lagerdrücke pro Schleifer von zwei Lagern aufgenommen werden müssen. Vielfach wird versucht, die Lager so auszugestalten, daß man mit einfacher Ringschmierung auskommt. Dabei ist die Abstrahlungsfläche des Lagers verhältnismäßig klein und die Lagerdrücke sind ziemlich erheblich. Sie werden in einzelnen Fällen 50 kg/cm² erreichen. Vielfach wird nun der Fehler gemacht, hier recht dickflüssige Zylinderöle zu verwenden, um den beobachteten hohen Temperaturen zu begegnen. Dies ist ein Fehler, da man mit hochwertigen recht schwerflüssigen Maschinenölen bessere Flüssigkeitsreibung und geringere Lagertemperaturen erzielen kann. An einigen Holzschleifern, und zwar den sog. Stetigschleifern, hat man teilweise schon eine Umlaufschmierung angebracht, wodurch das Öl jedesmal Zeit hat, sich abzukühlen. Die Erfahrungen mit der Erhaltung der Zapfen und Lagerschalen sind hierbei ausgezeichnet gewesen.

Ziemlich schwierige Schmierungsprobleme ergeben sich bei Hackmaschinen, da die Belastung der Lager hier dauernd von 0 bis zu einem Höchstbetrage von sicher über 70 kg pro cm² wechselt. Teilweise sind die Belastungen bei Verklemmungen des eingebrachten Holzes gar nicht zu errechnen. Es empfiehlt sich deshalb, hier gefettete Öle mit großer Schmierfähigkeit zu verwenden, wenn auch die Lager häufiger gereinigt werden müssen.

Zwischen Hackmaschine und Kocherei bei Zellstoffabriken und zwischen Schleifer und Papiermaschine bei Holzschliffpapierfabriken sind eine große Reihe von Maschinen aller Art geschaltet, welche aber schmiertechnisch vom gleichen Standpunkt aus betrachtet werden können. Wir erwähnen Reinigungsmaschinen aller Art, Siebvorrichtungen und Transportvorrichtungen. Allen diesen Maschinen gemeinsam sind gering belastete Lager, welche teilweise stark vom Wasser bespült sind. Dabei findet sich an vielen Stellen einfache Fettschmierung oder Handschmierung für Öl. Im letzteren Falle sei auf die Vorzüge von sog. dunklen Maschinenölen hingewiesen. Sie entfalten eine sehr gute Schmierfähigkeit für diese Fälle und haben außerdem die Eigenschaft, von Wasser nicht so schnell fortgewaschen zu werden.

Vor Eintritt in die Papiermaschine gelangt der Stoff zunächst in die Holländer. Hier sind die Schmierungsprobleme kaum fühlbar, man findet nur manchmal nicht genug Vorsorge dagegen getroffen, daß bei zu hohem Stand des Stoffes im Holländerbecken Feuchtigkeit zu den Lagern gelangt. Durch Anbringung entsprechender Spritzringe, Dichtungen u. dgl. sollte es möglich sein, die Holländerlager völlig trocken zu erhalten. Es ist dann mit einem normalen Maschinenöl eine fast unbegrenzte Lebensdauer zu erzielen.

Etwas größere Schwierigkeiten bieten die Kegelstoffmühlen, da hier die Welle in der Längsrichtung etwas verstellt werden muß, wobei gleichzeitig ein ziemlicher Längsdruck auftritt. Vielfach findet man zur Aufnahme des Längsdruckes noch sehr unmoderne Kammlager, in denen trotz Vorhandenseins mehrerer Spurringe der Druck in Wirklichkeit immer nur von einem Ring aufgenommen wird. Besser sind Konstruktionen mit Einscheibendrucklagern oder Wälzlagern. Teilweise treten an diesen Kegelstoffmühlen ziemlich hohe Lagertemperaturen auf, und es ist in den einzelnen Fällen zu untersuchen, ob dies nicht durch besonders hochwertige, dabei aber nicht zu zähflüssige Öle zu beseitigen ist. Vielfach findet man auch, daß Feuchtigkeit in die Lager gelangt und in Verbindung mit Anteilen des „Stoffes" die Schmierung stört. Dementsprechend sind die Laufzeiten der Zapfen und Lager verhältnismäßig kurz. Auch hat man oft den Eindruck, als wären die Lager für die Beanspruchung etwas zu klein gewählt. Jedenfalls ist es verhältnismäßig leicht, das Eindringen von Feuchtigkeit usw. in die Lager zu verhindern.

Vor der Papiermaschine befinden sich noch Rechen und Siebe als Stoffänger, welche meist ziemlich komplizierte Bewegungen ausführen. Wir finden einfache Rüttelsiebe sowie Trommelsiebe, welche aber auch noch eine Rüttelbewegung ausführen, oder es führt die Außentrommel um das Sieb herum eine Rüttelbewegung aus. Die Lager, von denen die Rüttelbewegung ausgeht, nutzen sich verhältnismäßig schnell ab, da die Art der Bewegung die Ausbildung eines Ölfilmes nur unvollkommen zuläßt. An amerikanischen Maschinen findet man vielfach Nadelöler als zusätzliche Schmierung, womit ganz gute Erfolge erzielt worden sind. Selbstverständlich sind Staufferbuchsen hier ganz besonders ungeeignet und durch verbesserte Buchsen zu ersetzen.

Es folgt jetzt die eigentliche Papiermaschine, und es sei erwähnt, daß die nachfolgenden Ausführungen sinngemäß auch für Zellstoffmaschinen und Holzstofftrockner gelten. Schmiertechnisch interessant ist vor allen Dingen der Naßteil dieser Maschinen, da alle Lager vom Wasser bespritzt oder sogar sehr bespült werden. Gleichzeitig herrscht aber mit Recht eine gewisse Besorgnis vor dem Eindringen größerer Ölmengen in den Stoff, da diese sich im fertigen Papier bemerkbar machen können. Man findet im Naßteil noch viele ganz offene Lager, zum Teil ohne Schmiervorrichtungen, zum Teil mit einfachen Staufferbuchsen versehen. Hier ist oft von einer Schmierung überhaupt keine Rede und dementsprechend ist die Abnutzung sehr bedeutend.

An anderen Maschinen findet man wenigstens Lager, die zum Teil abgeschlossen sind, und hier ist vor allen Dingen auf die Verwendung sehr schwerflüssiger und gefetteter Öle hinzuweisen, welche sich bei Wasserzutritt besser in den Lagern halten. Das fette Öl bildet mit dem Wasser an den Austrittsstellen der Wellen einen Kragen von Emulsion und verhütet das Eindringen von Wasser in das Lager bzw. das Herausspülen des Öles. Auch unter den Fetten gibt es besondere Sorten, besonders unter den Dauerfetten, welche von Wasser viel weniger leicht angegriffen werden als andere, die das Wasser geradezu an sich reißen. Merkwürdigerweise hat sich die Verwendung besonderer Öle für den Naßteil der Papiermaschinen noch gar nicht eingebürgert, und man nimmt dementsprechend die Abnutzungserscheinungen als gegeben in den Kauf. An neueren Maschinen, aber nicht an allen, findet man Wälzlager verschiedener Konstruktion, die sich natürlich sehr gut gegen Wasser abdichten lassen. Insbesondere sei für verschiedene Zwecke auf die Federrollenlager hingewiesen. Selbstverständlich sind Staufferbuchsen gewöhnlicher Art hier besonders unwirksam

114 Die Praxis der Maschinenschmierung in einzelnen Industriegruppen.

und sie wären, wenn es die finanziellen Verhältnisse irgend erlauben, durch geeignetere Buchsen zu ersetzen. Ergeben sich am Naßteil der Papiermaschinen Schwierigkeiten durch Wasser, so treten am Trockenteil besondere Schmierungsbedingungen in Form von Wärme mit verhältnismäßig hohen Drükken auf. Man findet vielfach, daß ohne Rücksicht auf die herrschenden Temperaturen ein recht zähflüssiges Zylinderöl gewählt wird, wobei noch auf recht hohen Flammpunkt Wert gelegt wird. Es ist an verschiedenen Stellen bereits ausgeführt worden, daß dieser Standpunkt falsch ist. Es hat keinen Zweck, ein zäheres Öl zu wählen als etwa 3,0—4,0° E, bei derjenigen Temperatur, die das Öl im Lager annimmt. Der Flammpunkt spielt hierbei gar keine Rolle, und es ist nur auf gute Alterungsbeständigkeit Wert zu legen. Sind die einzelnen Lager mit Ring- oder Handschmierung versehen, so kann man die einzelnen Öle in der Zähigkeit etwas abstufen und an den heißesten Stellen ein sog. leichtes Dampfzylinderöl wählen, wenn die Temperatur über 120° C trägt. Sonst kommt man auch hier mit einem schweren Maschinenöl von entsprechender Alterungsbeständigkeit aus. Für Stellen mit Temperaturen von bis zu 60° C und Handschmierung sei auf die Vorzüge der dunklen Maschinenöle hin-

Abb. 20. Schmierung eines Papierkalanders mit Drucködern, Ablaufölbehälter und Rückführung des Öles durch Zahnradpumpe zu den Ölern.

Papierfabrikation.

gewiesen, welche länger im Lager haften als helle raffinierte oder filtrierte Öle.

Über die Schmierung der Kalander (Abb. 20) wird an verschiedenen Stellen ausführlich gesprochen, und es sei auf die betreffenden Abschnitte hingewiesen. Jedenfalls ist von der Handschmierung oder Staufferbuchsenschmierung in allen Fällen abzuraten und jede Aufwendung sowohl bezüglich Materialauswahl, Schmiereinrichtungsauswahl und Schmiermittelauswahl macht sich bestimmt bezahlt (s. S. 91 u. 153).

Maschinenübersicht. Papierfabrikation.

Maschinen	Schmierstelle und Schmiervorrichtung	Schmierungsbedingungen	Schmiermittel
Hackmaschinen	sämtliche Lager Sa[1], Sc	sehr starker Druck, Stöße	O 17, O 20[2]
Schleifer	Hauptlager Sa, Sc, Sh	sehr starker Druck	O 17
Stoffänger, Trommelsiebe, Schüttelsiebe	Schwingenlager Sa, Sd	Stöße, Feuchtigkeit	O 17
	sonstige Lager Sa	Feuchtigkeit, Spritzwasser	O 19
Holländer	Hauptlager Sa, Sc	starker Druck, bei Feuchtigkeit	O 17
Kegelstoffmühlen	sämtliche Lager Sc, Sd	starker Druck, teilweise Feuchtigkeit	O 20, F 4
Papiermaschinen	Naßteil Sa, Sd	bei guter Abdichtung bei Wasserbespülung und schlechter Abdichtung	O 15 O 19
	Trockenteil Sa Sc	Temperaturen bis 60° „ bis 80° „ „ 100° „ über 100°	O 16 O 17 O 18 O 7
	Trockenteil bei Umlaufschmierung für alle Lager gemeinsam	„ von 60—120°	O 10
Kalander	sämtliche Lager bei Handschmierung	hoher Druck	O 17, O 20
	sämtliche Lager bei Umlaufschmierung	hoher Druck und Wärme	O 17
	offene Zahngetriebe Sa	hoher Druck	F 6

[1] Siehe S. 32. [2] Siehe S. 24—27.

9. Holzbearbeitung.

Die Holzindustrie nimmt insofern eine Sonderstellung bezüglich der Krafterzeugung ein, als hier eine noch fast unbestrittene Domäne der Kolbendampfmaschine und insbesondere der Dampflokomobile ist. Es hat dies seinen Grund darin, daß der Brennstoff praktisch kostenlos zur Verfügung steht, und daß außerdem fast immer Wärme in Form von Dampf zur Trocknung gebraucht wird. Die Zylinderschmierung der Lokomobile bietet keine Besonderheiten, es wäre lediglich zu sagen, daß mindestens zeitweilig mit sehr hohen Überhitzungen gefahren wird. Dabei verläßt der Dampf vielfach bei Abdampfbetrieb die Zylinder noch in überhitztem Zustande, und es wurde bereits ausgeführt, daß unter diesen Umständen die Zylinder sehr trocken sind (s. S. 40) und eine besonders sorgfältige Auswahl des Zylinderöles zwecks Vermeidung von Rückständen erfolgen muß. Es wäre zu wünschen, daß in größerem Umfange Dampfthermometer an Lokomobilen vorhanden sein sollten. Vielfach findet man, daß diese bei älteren Maschinen defekt sind und nicht wieder instand gesetzt werden. Gerade zur Beurteilung des Zylinderölverbrauches und der Zylinderölauswahl ist eine Kontrolle der Dampftemperatur bei den verschiedenen Belastungsverhältnissen erforderlich. Unter den Dampflokomobilen findet man eine große Anzahl von Lanz-Maschinen mit Lentz-Ventilsteuerung, welche bezüglich der Zylinderölauswahl ziemlich empfindlich sind und durchschnittlich einen höheren Verbrauch pro Pferdestunden zeigen als Dampfmaschinen anderer Bauart. Das Zylinderöl muß besonders wärmebeständig sein und nicht zur Rückstandsbildung neigen, da es bei der Ventilschmierung längere Zeit an heißen Stellen aushalten soll.

Auch die Triebwerksschmierung der Dampflokomobilen hat ihre Besonderheiten. Es sind die Lagertemperaturen zu verfolgen, und es muß ein Triebwerksöl ausgewählt werden, welches bei der beobachteten Temperatur noch mindestens eine Zähflüssigkeit von $3{,}0^0$ E zeigt. Es hat keinen Zweck, ein normales Maschinenöl zu kaufen, bei welchem die Zähigkeit bei 50^0 C angegeben ist. Mit verhältnismäßig einfachen Mitteln läßt sich an einer Lokomobile nachträglich eine Umlaufschmierung anbringen und der Ölverbrauch auf $1/10$ des früheren herabsetzen. In diesem Falle muß ein verhältnismäßig großer Öltank verwendet werden, damit das Maschinenöl den ziemlich reichlich vorhandenen Staub absetzen kann.

Der Holzstaub ist überhaupt ein Kennzeichen der hier behandelten Betriebe und muß bei der Schmierung sehr berück-

Holzbearbeitung. 117

sichtigt werden. Soweit Ringschmierlager vorhanden sind, sind diese häufiger zu reinigen als in anderen Betrieben, besonders da von manchen Herstellern der Abdichtung der Lager noch nicht die richtige Aufmerksamkeit gewidmet wird. Wegen des Staubes findet man auch an vielen Stellen die Fettschmierung, und es wäre hier zu wünschen, daß die Staufferbuchsen an diesen Maschinen ebenfalls allmählich verschwinden und verbesserten Fettbuchsen Platz machen. An einer Reihe von Stellen findet man schließlich die Handschmierung, und hier bieten die Gleitführungen der Gatter oft Schwierigkeiten. Man versucht sie durch recht teuere Öle zu beheben, was jedoch nicht immer zum Ziel führt. Es kommt hier vor allen Dingen auf eine gute Haftfähigkeit der Öle an und es sind teilweise mit gefetteten Ölen sowie mit billigen dunklen zähflüssigen Maschinenöldestillaten ganz ausgezeichnete Erfahrungen gemacht worden. Sehr zu begrüßen wäre es selbstverständlich, wenn sich die automatische Zentralschmierung (Abb. 21) an den Holzbearbeitungsmaschinen noch weiter einführen würde (s. S. 150). Bezüglich der Fettauswahl sei auf die Ausführungen an anderer Stelle (s. S. 19) verwiesen. Die Fettauswahl muß besonders sorgfältig erfolgen, weil zum Teil lange Leitungen von den Fettbuchsen zu den Schmierstellen führen, in denen das Fett manchmal eine ziemliche Erwärmung erleidet. Minderwertige Fette zerfallen oft in diesen Leitungen und erfüllen sie mit harten Krusten, so daß die Schmierung gefährdet wird.

Abb. 21. Sägegatter mit Zentralschmierung der festen Schmierstellen. (Bosch.)

Maschinenübersicht. Holzbearbeitung.

Maschinen	Schmierstelle und Schmiervorrichtung	Besondere Schmierungsbedingungen	Schmiermittel
Lokomobilen	Triebwerk Sa	Wärme, Staub	O 17
Hobelmaschinen,	Messerwellen Sa	sehr hohe Drehzahl, Staub	O 14
Kreissägen, Fräsmaschinen	bei Fettschmierung Sd		F 4
Gatter	Gleitbahnen Sa	—	O 16, O 20
	Lagerstellen mit Handschmierung (Sa)	—	O 16, O 17

10. Metallbearbeitung.

Bei der Metallbearbeitung interessiert vor allen Dingen das Kühlen und Schmieren der Schneidwerkzeuge sowie der Arbeitsstücke, wofür fette Öle, Mineralöle, gefettete Öle sowie Emulsionen im Gebrauch sind. Eine sehr gute Zusammenstellung der bisherigen Forschungsarbeiten und Versuchsergebnisse hat Gottwein[1] gegeben, und es sei hierauf verwiesen. Nachträglich hat noch eine umfangreiche Untersuchung der Kühlöle von Wallichs und Krekeler stattgefunden, wobei man sich hauptsächlich auf die Zahnradbearbeitung beschränkte. Die Prüfungen erstreckten sich auf die Ermittlung der mit dem jeweils benutztem Öl, erreichten Zähnezahlen bis zur Abstumpfung des Werkzeuges. Dieses sog. Ausgebeverfahren wurde einmal im Kurzversuch mit schweren Schnittbedingungen und einmal im längeren Versuch mit leichteren Schnittbedingungen angewandt. Für beide Zerspanungsbedingungen wurde eine für schwere und leichte Schnitte übereinstimmende Ordnung der Ölsorten erreicht. Bei den Dauerleistungsversuchen konnten gleichzeitig die Veränderungen der Öle in bezug auf Säurezahlen, Aschengehalt usw. ermittelt werden.

Neben diesen Ausgebeversuchen wurden noch technologische Prüfungen gemacht, und zwar wurde die Benetzungsfähigkeit, die Abtropffähigkeit, die Schaumbildung, die Rauchbildung, die Korrosionsbildung betrachtet. Auf Grund der Gesamtwertung konnte ein Öl Nr. 6 für die Zahnradherstellung und ähnliche Vorgänge als das geeignetste ermittelt werden. Es wäre zu wünschen, daß ebenso systematisch die Schmier- und Kühlöle für die gesamte Metallbearbeitung untersucht würden.

Die eigentliche Lagerschmierung bietet gerade in der Metallbearbeitung keine Probleme, die für diese Betriebsart besonders

---

[1] Gottwein: Schmieren und Kühlen in der Metallbearbeitung. Berlin: VDI-Verlag 1928.

Metallbearbeitung. 119

charakteristisch wären. Wie an anderer Stelle erwähnt, besteht in der letzten Zeit eine Neigung auch in der Metallbearbeitung nach Möglichkeit zur Zentralschmierung der einzelnen Arbeitsmaschinen überzugehen und vor allen Dingen die Handschmierung sowie die Staufferbuchsenschmierung aufzugeben (Abb. 33).

Einige Schwierigkeiten bieten alle solche Maschinen, wo in verhältnismäßig großen Abständen starke und plötzliche sowie vielfach schwer berechenbare Stöße in die Lager gelangen. Wir erwähnen hier einige Konstruktionen von Scheren, Biegemaschinen, Pressen und Stanzen. Für diese Zwecke werden sich gefettete Öle sowie vielfach fast ebensogut dunkle Maschinenöle mit ihrer großen Haftfähigkeit am besten bewähren, während dickflüssige Öle von gefühlsmäßig anscheinend hoher Schmierfähigkeit oft keinen dauerhaften Schmierfilm zu bilden vermögen.

Ferner seien erwähnt einige Typen von Lufthämmern, bei denen die Luft als Federpuffer zwischen Bär und Antrieb dient. Es handelt sich dabei in einigen Fällen um sehr lange Tauchkolben, welche die Fortsetzung des Bärs bilden und bei denen man aus verschiedenen Gründen Kolbenringe vermeiden will. Andererseits wird die Luft und damit der Kolben bei Dauerbeanspruchung des Hammers teils durch Leitung vom Bär, teils durch Wärmestauung infolge der häufigen Kompression stark erhitzt. Es haben sich in einzelnen Fällen hier ganz schwere sog. Maschinenöl-Destillate bzw. filtrierte Öle am besten bewährt, während in anderen Fällen sehr schwerflüssige Heißdampfzylinderöle mit ziemlich hohem Asphaltgehalt die besten Resultate ergaben.

In der letzten Zeit ergaben sich manchmal Schwierigkeiten mit Flüssigkeitsgetrieben, welche im zunehmendem Maße zur stufenlosen Regelung der Geschwindigkeiten bei Schleifmaschinen, Shapingmaschinen sowie bestimmten Arten von Drehbänken verwendet werden. Die Flüssigkeitsgetriebe sind in seltenen Fällen Kapselgetriebe, bei denen auf der Primärseite und auf der Sekundärseite je ein solches Kapselwerk vorhanden ist. In den meisten Fällen sind es jedoch miteinander verbundene Kolbenmaschinen, von denen die eine Drucköl erzeugt und die andere die Energie des Drucköles wieder in Arbeit umsetzt. Es ergaben sich deswegen Schwierigkeiten, weil starke örtliche Drücke auftraten und das Spiel durch ungleiche Erwärmung der ziemlich fein eingepaßten Teile oft äußerst gering wurde, ohne daß ein Fressen auftreten sollte. Es haben sich hier in einigen Fällen fette Öle oder in geeigneter Weise gefettete Öle als einzige Öle bewährt, während in anderen Fällen nur geringe Schmierfähigkeit verlangt wurde, dafür aber auf große Alterungsbeständigkeit der ver-

Maschinenübersicht.
Maschinenbau, Metallbearbeitung, Apparatebau.

Maschinen	Schmierstelle und Schmiervorrichtung	Besondere Schmierungsbedingungen	Schmiermittel
Automaten	sämtliche Lager Sa, Sh [1]	Abschleuderung des Öles möglich	O 15, O 19 [2]
Leichte Werkzeugmaschinen	sämtliche Schmierstellen Sa, Sh	Abspritzendes Öl	O 15, O 19
Schwere Werkzeugmaschinen	sämtliche Schmierstellen Sa, Sh	z. T. hoher Lagerdruck	O 17, O 20
Schleifmaschinen	Spindellager Sb	geringstes Lagerspiel	O 13, evtl. gefettet
Hydraulische Pressen, Spindelpressen	Spindeln Sa, Sk	hoher Lagerdruck, geringe Bewegung	F 5
Exzenterpressen, Stanzen, leichte Blechbearbeitungsmaschinen	sämtliche Schmierstellen Sa Sk	hoher Lagerdruck	O 17, O 20 F 5

wendeten Öle geachtet werden mußte. Leider verbietet der Raummangel ein Eingehen auf die einzelnen Getriebe und ihre Anforderungen, da sie in sehr großer Zahl vorhanden sind und immer noch neue Bauarten hinzukommen.

Bei vielen Maschinenherstellern und Benutzern sind immer noch Schwierigkeiten in der Lagerung der Schleifmaschinenspindeln

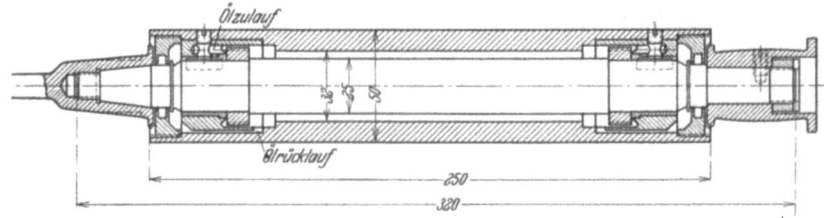

Abb. 22. Innenschleifspindellagerung in Carobronzebüchsen. Laufflächen glashart, geläppt, Buchsen diamantgedreht. (Spezialbronze G. m. b. H., Berlin.)

zu beobachten. Andererseits ist festzustellen, daß viele Benutzer von Schleifmaschinen die Lagerung nach eigenen Ideen weiter entwickelt haben und die höchsten heute denkbaren Genauigkeiten bei ihrer Arbeit erreichen, und zwar ohne Nachlagerung der Maschinen während sehr langer Benutzungsdauer. Die Schwierigkeiten sind also im Prinzip gelöst und es scheint nur ein Mangel insofern zu bestehen, als die Maschinenbenutzer, die erfolgreich arbeiten, ihre Erfahrungen nicht preisgeben. Von vielen Herstellern werden bestimmt noch Fehler in der Bemessung der sog.

---
[1] Siehe S. 32. [2] Siehe S. 24—27.

Ölluft gemacht. Man nimmt vielfach an, daß die Ölluft sich ungefähr in der Größenordnung der erzielbaren Genauigkeit halten müsse. Dies ist ein Irrtum, denn es gibt Schleifmaschinen, welche mathematisch genau laufen auch beim größten Schleifdruck und trotzdem ist die Ölluft reichlich $^2/_{100}$ mm (Abb. 22). Die Erfüllung der schärfsten Anforderungen der heutigen Technik an Genauigkeit gelang dabei sowohl mit Weißmetallagerung, als auch mit Phosphorbronze auf glasharten Stahlzapfen.

11. Chemische Industrie.

In der chemischen Industrie finden wir eine große Reihe von Betrieben, in denen die Schmierung überhaupt keine Rolle spielt. Es finden sich hier manchmal in sehr großen Werken nur eine Anzahl von Kolbenpumpen oder Umlaufpumpen mit elektrischem Antrieb sowie Rührwerke mit geringen Drehzahlen, deren Schmierung keinerlei Probleme bietet.

In anderen Werken, wo viel Wärme in Form von Dampf gebraucht wird, finden sich meist Kolbendampfmaschinen mit Abdampfverwertung, und es wurden die entsprechenden Probleme bereits in dem Abschnitt über Kolbendampfmaschinen sowie Zuckerfabriken beschrieben. Ferner sind zu berücksichtigen Zerkleinerungsmaschinen aller Art, welche ebenfalls an anderer Stelle mehrfach behandelt sind. Es sei nur nochmals darauf hingewiesen, daß auch an den schwersten Zerkleinerungsmaschinen sich nach dem heutigen Standpunkt der Technik fast ebenso günstige Abnutzungsverhältnisse schaffen lassen, wie an anderen Maschinen.

Eine große Reihe von Betrieben der chemischen Industrie sind weiter dadurch gekennzeichnet, daß Staub oder Dämpfe erzeugt werden, welche auf organische Schmiermittel sehr ungünstig einwirken. Bezüglich der Dämpfe sind in den letzten Jahren schon aus hygienischen Gründen große Fortschritte gemacht worden, und eine Einwirkung kommt in modernen Fabriken auf die Schmiermittel kaum noch in Frage. Anders steht es mit dem Staub. Besonders lehrreich waren für den Verfasser in dieser Beziehung Beobachtungen in einer ganz neuen Fabrik von Seifenpulver und Scheuermittel. Das Scheuermittel bestand aus möglichst reinem Quarzsand, welcher in Rohrmühlen besonderer Bauart zur höchstmöglichsten Feinheit gemahlen wurde. Die Feinheit brachte es natürlich mit sich, daß der Quarzstaub, also das fertige Putzmittel, aus den Lagern der in der Nähe liegenden Maschinen- und Transportgeräte schwer fernzuhalten war. Immerhin ließ sich hier durch geeignete Hilfsmittel ziemlich gute Abhilfe schaffen. Schwieriger war das Problem des Staubes, welcher bei der Herstellung des Waschmittels entstand, und welcher aus Soda und Seife zusammengesetzt war. Dieser Staub hatte eine äußerst geringe Teilchengröße und hielt sich unbegrenzte Zeit in der Luft schwebend. Gleichzeitig wirkte er zerstörend, insbesondere auf flüssige Schmiermittel ein. Es ergab sich, daß gegen diesen Staub keine Abdichtungen oder andere Maßnahmen halfen, und daß nichts weiter übrig blieb, als die Ölfüllungen sehr häufig zu wechseln und gleichzeitig alle Lagerstellen gründlich zu reinigen. Es wird sich unter diesen Umständen niemals lohnen, hochwertige Schmiermittel zu verwenden. Der Seifenstaub drang in diesem Fall nachgewiesenermaßen sogar in die Umlaufsysteme von Dampfturbinen ein, welche in gesonderten Gebäuden aufgestellt waren. Es ergaben sich Laufzeiten des Turbinenöles von weniger als 4000 Std. im Gegenstaz zu den normalen Laufzeiten von 40000—50000 Betriebsstunden. Eine Abhilfe durch besondere Ölauswahl war nicht möglich. Eine geringe Besserung konnte bereits erzielt werden, wenn man die Entlüftungsstutzen am Turbinengehäuse dicht setzte oder in besonderer Weise ausstattete. Zu wenig beachtet wird noch die Möglichkeit, die Lufträume gefährdeter Umlaufsysteme unter Überdruck zu setzen, so daß der Eintritt von Staub praktisch ausgeschlossen ist. Von dieser Möglichkeit ist in der Braunkohlenindustrie sowie beim Bau von Kohlenmühlen mit gutem Erfolge Gebrauch gemacht worden.

Große Bedeutung haben naturgemäß in der modernen chemischen Industrie Verdichter aller Art bis zu den höchsten heute denkbaren Drücken. Über die Luftverdichter wurde bereits eingehend gesprochen, und auch Verdichter für andere Gase und ihre Betriebsverhältnisse sind in dem Abschnitt über Zuckerfabriken (s. S. 104) zum Teil besprochen. Besondere Erfahrungen sind in der letzten Zeit mit der Schmierung von Höchstdruckverdichtern für Wasserstoff bei 1100 Atm. gesammelt worden. Es hat sich ergeben, daß der hochgespannte Wasserstoff den Stahl entkohlt. Hierdurch kommen zu den bisher schon bestehenden Schwierigkeiten über die Materialbemessung bei den auftretenden Beanspruchungen noch weitere hinzu, da sich das Material unter den Betriebsverhältnissen weitgehend verändert. Die Schwierigkeiten konnten durch Ausbildung eines besonders dichten und ununterbrochenen Schmierfilms in den Hochdruckzylindern zum Teil gemildert werden.

Es bleiben eine ganze Reihe von Fällen übrig, in denen in der chemischen Industrie Schmiermittel der üblichen Art überhaupt

Chemische Industrie. 123

nicht verwendet werden können. Treten sehr hohe Temperaturen bei gleichzeitiger Gegenwart angriffslustiger Medien auf, so sind gute Erfahrungen mit kieselsäurehaltigen Schmiermitteln gemacht worden. Nach einem Verfahren der I. G. Farbenindustrie ist es gelungen, fettartige Schmiermittel dadurch herzustellen, daß man in einem Kieselsäuregel zunächst das Wasser zunächst durch Alkohol verdrängt und so ein sog. Kieselsäurealkogel erhält. Den Alkohol kann man dann gegebenfalls unter Zwischenschaltung von Benzol od. dgl. durch Öl ersetzen und erhält schließlich Ölgele verschiedener Konsistenz. Unter Beimischung anderer Substanzen, wie z. B. kolloiden Graphites sind Schmiermittel für sehr hohe Temperaturen mit einiger Beständigkeit gegen oxydierende Einflüsse herstellbar.

An anderen Stellen chemischer Betriebe sind überhaupt Schmiermittel, welche organische Bestandteile enthalten, nicht verwendbar. Besteht z. B. die Möglichkeit, daß Alkalien in größeren Mengen in das Schmiermittel gelangen, so erfolgt eine Wasseraufnahme und starke Emulsionsbildung, durch die die Schmierfähigkeit sowohl bei Mineralölen, aber natürlich noch in weit höherem Maße bei fetten Ölen sehr stark vermindert wird. In gewissen Grenzen kann man sich dann immer noch durch besondere Lagerkonstruktionen helfen, jedoch kommt man in vielen Fällen nicht darum herum, völlig anorganische Schmiermittel vorzusehen. Besonders schwierig liegen die Verhältnisse an Maschinen, die z. B. Kaliumchlorat oder andere Materialien verarbeiten, die Sauerstoff abgeben wie Superoxyde und Nitrokörper. Bekannt sind auch die Schwierigkeiten, die an Kompressoren herrschen, welche Chlorgas oder Sauerstoff verdichten. Würde man in solchen Fällen anorganische Schmiermittel verwenden oder solche Schmiermittel, die anorganische Bestandteile enthalten, so würde eine sofortige Explosion die ganze Apparatur vernichten, oder es würde in anderen Fällen das Schmiermittel sofort als solches verschwinden. Es sei daran erinnert, daß man in vielen Fällen, wie z. B. bei Sauerstoffkompressoren, Wasser, in anderen Fällen, Glyzerin oder Glyzerinwassergemisch und schließlich wieder in anderen Fällen Graphit als Schmiermittel unter verschiedenen Vorsichtsmaßnahmen verwendet.

Für viele der erwähnten Fälle bringt eine hochkonzentrierte Lösung von Kaliumphosphat K_2HPO_4 nach einem der I. G. Farbenindustrie geschütztem Verfahren eine Lösung der Schmierungsfrage. Die Lösung soll ein spezifisches Gewicht von 1,7—1,84 haben. Bei einem spezifischem Gewicht von 1,80 hat die Lösung ungefähr die Eigenschaften eines mittleren Maschinenöles, und zwar bei 20° C eine Zähflüssigkeit von 20° E und bei 50° C eine solche von 4° E. Die Herstellung wird wie folgt angegeben: Man nimmt technische Phosphorsäure von 48° Bé und neutralisiert vorsichtig mit festem Ätzkali oder Potasche von mindestens 90%, bis ein Tropfen der breiigen Lösung Phenolphtaleinlösung schwach rosa färbt. Darauf wird Wasser zugesetzt, unter Entfernung etwa vorhandener unlöslicher Teile, und die Lösung auf das erwähnte spezifische Gewicht von 1,7—1,84 gebracht.

Sind gut abgedichtete Räume vorhanden, in denen das Schmiermittel an den Apparaten untergebracht ist, wie z. B. gut abgedichtete Ringschmierlager, so hat die Lösung eine große Haltbarkeit. Bei nicht abgeschlossenen Räumen für das Schmiermittel muß man gelegentlich mit frischer Lösung durchspülen, damit das gewünschte spezifische Gewicht wieder erreicht wird. Für besondere Verwendungszwecke kann die Lösung auch mit Graphit, Talkum od. dgl. je nach den besonderen Verhältnissen versetzt werden, so daß man in der Lage ist, Schmiermittel in der Art von Maschinenfetten verschiedener Konsistenz zu erzeugen.

12. Transportwesen.

a) Dampflokomotive. Es ist noch sehr wenig bekannt, daß bei der Schmierung der Lokomotivzylinder ganz besondere Verhältnisse in schmiertechnischer Beziehung herrschen. Ihre ausführliche Schilderung wird für alle Betriebe von Interesse sein, welche Dampflokomotiven verwenden. Es lassen sich aber auch viele Lehren für andere Maschinenarten daraus ziehen. Der Lokomotivbetrieb ist zunächst dadurch gekennzeichnet, daß die Maschinen immer nur verhältnismäßig kurze Zeit unter Dampf laufen. Dazwischen treten große Pausen auf, in denen der Dampf abgestellt wird. Sind nun Rückschlagventile ungeeigneter Bauart an den Zylindern angebracht, so werden diese beim Abstellen des Dampfes aufgesaugt, und die ganze Leitung läuft leer. Man hat festgestellt, daß bei entsprechender Länge der Öldruckleitung so viel Zeit vergeht, bis diese aufgefüllt wird, daß während der Zeit, wo unter Dampf gefahren wird, kein Öl in die Zylinder gelangte. Man schmierte also den Zylinder sehr kräftig während des Leerlaufes und während der Fahrt unter Dampf überhaupt nicht.

Hiermit kommen wir zunächst zu der Frage der Schmierapparate und ihres Anbaues. Ölvasen auf den Schieberkästen, wie man sie noch an einer großen Anzahl von Werksbahnlokomotiven findet, sind selbstverständlich völlig zu verwerfen. Es gelangt hier plötzlich eine übergroße Menge Öl in die Zylinder, welche beim

Anfahren durch das Kondenswasser sofort weggewaschen wird und keine Schmierung ermöglicht. Übergroße Ölmengen setzen sich dabei in toten Ecken der Zylinderkörper fest und bilden Rückstände. Entsprechend ist die Abnutzung solcher Maschinen äußerst hoch.

Eine kleine Verbesserung bringen bereits die hydrostatischen Sichtschmierapparate, welche ebenfalls noch bei einer sehr großen Anzahl von Lokomotiven in Verwendung sind und sogar noch von einigen Bestellern an neuen Lokomotiven verlangt werden. Ihre Beliebtheit verdanken sie vor allen Dingen dem Umstand, daß keine beweglichen Teile vorhanden sind. Sie haben aber den großen Nachteil, daß am Zylinder selbst überhaupt keine Rückschlagventile verwendet werden können, sondern nur ganz schwache Drosselorgane am Öler selbst. Hierdurch tritt der vorhin geschilderte Übelstand, daß nämlich die stärkste Schmierung bei der Talfahrt bzw. bei Leerlauf stattfindet, hier ganz ausgeprägt auf. Ferner ist die Regulierung auf sehr feinen Verbrauch schwierig, so daß der Öler meist auf zu starken Verbrauch, wie er für Bergfahrten und hohe Belastung notwendig ist, eingestellt bleibt. Schließlich besteht noch der Nachteil, daß bei Heißdampfmaschinen die notwendige direkte Schmierung einzelner Teile, wie Kolbenschieber, Stopfbuchsen nicht durchführbar ist.

Die teilweise Unbeliebtheit der mechanischen Schmierapparate rührt noch aus der Zeit der ersten Stempelpressen, welche sehr schwer unterzubringen waren und keine sichtbare Kontrolle der geförderten Ölmenge zuließen. Heute besitzen wir jedoch eine große Anzahl brauchbarer Lokomotivölerkonstruktionen, welche Dank der Zusammenarbeit von Eisenbahnverwaltungen und Herstellerfirmen keinerlei Nachteile mehr aufweisen, im Gegensatz dazu jedoch gegenüber den früheren Ölern sehr bedeutende Vorteile bringen.

Es ergibt sich zunächst die Frage des Anbringungsortes für den Lokomotivöler. Bei vielen Lokomotiven ist im Führerhaus bereits eine solche Unmenge von Apparaten, Instrumenten, Handgriffen usw. untergebracht, daß für den Schmierapparat angeblich kein Platz mehr bleibt. Man findet daher oft die Schmierapparate in der Nähe der Zylinder angebaut. Dies hat den Vorteil, welcher oft ausschlaggebend ist, daß die Öldruckleitungen kurz werden. Es kann dann bei Talfahrten nur dieses kurze Rohrstück leergesaugt werden und bei Dampffahrt ist die Schmierung bald wieder im Gange. Ferner besteht im Winter der Vorteil, daß dieses kurze Rohrstück an warmen Teilen verlegt werden kann, so daß das Öl nicht erstarrt und man verhältnismäßig billige Öler, die nicht für sehr hohen Gegendruck gebaut zu sein brauchen, verwenden kann. Andererseits besteht aber der Nachteil, daß eine Förderkontrolle vom Führerhaus aus verhältnismäßig schwierig ist, und daß auch eine Verstellung entsprechend der Belastung während der Fahrt nicht möglich ist. Die Mehrzahl der Gründe spricht für die Anbringung des Schmierapparates im Führerhaus und es läßt sich insbesondere beim Bau neuer Lokomotiven auch immer ein geeigneter Platz schaffen, so daß eine Kontrolle des Apparates durch den Heizer während der Fahrt möglich ist. Bei dieser Anbringung ergibt sich jedoch die Notwendigkeit, die Apparate für sehr hohen Druck zu konstruieren. Nach vielen Versuchen im Winter hat sich gezeigt, daß man zeitweilig infolge der Rohrreibung des Öles bei Frost mit Gegendrücken von bis zu 200 Atm. rechnen muß, und die Reichsbahn fordert deswegen von den Apparaten zunächst volle Fördersicherheit bis zu einem Druck von 250 Atm.

Daneben werden gerade an Lokomotivschmierapparate noch eine Reihe weiterer Forderungen gestellt. Diese sehen zunächst vor, daß die geförderte Ölmenge in irgendeiner Form sichtbar gemacht werden muß, und daß die Einstellschrauben mit einer Skala versehen sind, so daß eine einmal für bestimmte Belastung oder bestimmte Betriebsverhältnisse vorgesehene Einstellung immer wieder zu finden ist. Ferner wird verlangt, daß die Pumpen einen bestimmten Lieferungsgrad haben, d. h. daß bei den vorgesehenen Öldrücken mindestens 95% des angesaugten Ölvolumens auch wirklich in die Druckleitung gelangen. Hiermit werden gleichzeitig hohe Ansprüche an die Pumpenkonstruktion bezüglich schädlicher Räume, Genauigkeit der Steuerung usw. gestellt und ferner eine gute Passung und Bauausführung vorausgesetzt. Besondere Forderungen werden an eine geringe Abnutzungsgeschwindigkeit gestellt, in dem nach langen Laufzeiten die Fördersicherheit bzw. der Lieferungsgrad der Schmierpumpen erneut festgestellt wird.

Es sind eine große Reihe verschiedener Fabrikate gerade in Deutschland auf dem Markt, welche allen diesen Anforderungen genügen und es sei nur als Beispiel eine Ausführung kurz beschrieben (Abb. 23).

Die einzelnen Pumpenelemente liegen im Kreise herum um eine im Innern des Apparates befindliche senkrechte Welle, von der aus sie durch Hubräder angetrieben werden. Jedes Pumpenelement enthält eine Einstellschraube mit Skala, so daß eine einmal gewählte Einstellung immer wieder gefunden werden kann. Dabei zeigt jede Ziffer den Hub des Kolbens in Millimetern. Da der Lieferungsgrad bekannt ist, so kann hieraus die an jede Stelle geförderte Ölmenge entnommen werden. Zwecks genauer Kontrolle ist am Ölstandglas eine Einteilung in Gramm vorgesehen. Soll nun, wozu allerdings ein besonderer Prüfstand notwendig ist, ein einzelnes Element kontrolliert werden, so werden alle Elemente bis auf das eine abgestellt, und dieses unter Gegendruck geprüft. Bei einer Reihe von anderen Apparaten hat jedes Pumpenelement ein besonderes Standglas oder eine Kontrolltropfstelle, mit Hilfe deren es im Betriebe kontrolliert werden kann. Am Ölstandglas ist ein Dreiweghahn vorgesehen, welcher gestattet, bei Bruch des Standglases dieses abzuschalten und während des Betriebes auszuwechseln. Sind mehrere Standgläser vorhanden, so erhält nach Vorschrift der Reichsbahn jedes solch eine Umschaltung für den Fall des Glasbruches.

Zylinderölauswahl. Für die Auswahl des Zylinderöles an Lokomotiven ist zunächst bei Heißdampfmaschinen maßgebend, daß sehr starke Temperaturunterschiede auftreten. Es dürfen also keine Öle verwendet werden, die bei geringen Temperaturen, wie sie beim Anfahren auftreten, allzu dickflüssig sind.

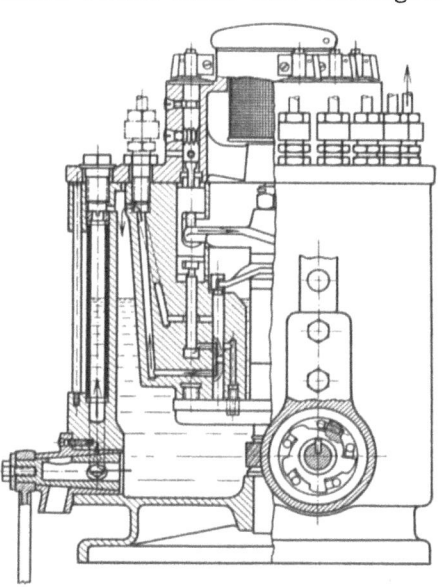

Abb. 23. Lokomotivzentralöler. (Bosch.)

Andererseits muß berücksichtigt werden, daß zeitweilig sehr hohe Dampftemperaturen bis zu etwa 350° am Zylinder auftreten, wobei das Öl noch schmierfähig bleiben muß. Ferner tritt noch die Schwierigkeit auf, daß der Lokomotivrahmen sich während der Fahrt ständig etwas deformiert, so daß die Kolbenringe nicht so einwandfrei auf der Zylinderlaufbahn gleiten, wie bei ortsfesten Maschinen. Trotzdem ist es gelungen, durch geschickte Ölauswahl sowie entsprechende Materialien und Ölzuführung auch bei großen Überhitzungen sehr hohe Laufzeiten der Kolbenringe und Zylinder zu erzielen. Durchschnittlich darf erst nach 200000 km die Abnutzung der Kolbenringe bei der Deutschen Reichsbahn so groß werden, daß eine

Auswechslung nötig wird. Es entspricht dies allerdings höchstens einer reinen Betriebszeit von etwa 4000 Std., was verglichen mit einer stationären Maschine wenig ist. Erzielt werden diese Abnutzungszahlen mit sehr geringem Ölverbrauch. Die Reichsbahn rechnet auch bei den größten Maschinen mit keinem höheren Verbrauch als 5,0 kg für 1000 km. Dies entspricht einem spezifischen Verbrauch von nicht mehr als 0,1 g je PS/Std. Es sei bei dieser Gelegenheit erwähnt, daß gerade bei der Deutschen Reichsbahn sehr gute Erfahrungen mit einer Emulsion aus 50% Wasser und 50% eines geringwertigen Zylinderöles gemacht worden sind. Der Verbrauch war von dieser Mischung nicht höher als von reinem hochwertigem Zylinderöl. In einzelnen Direktionsbezirken sind allerdings bei den gleichen Maschinen mit dieser Emulsion sehr schlechte Erfahrungen gemacht worden, und die Widersprüche waren bisher nicht aufzuklären. Es wurde bemängelt, daß die Emulsion im Winter Schwierigkeiten macht, da das Wasser ausfriert, und daß bei stärkerer Beanspruchung der Maschine ein überhoher Verbrauch notwendig ist, der später nur schlecht wieder eingespart werden kann. Die Verteidiger der Emulsionsschmierung machen geltend, daß die Emulsion sich im Zylinder besonders günstig verteilt, und daß durch das anwesende Wasser ein Kracken oder ein Zerfall auch minderwertigen Öles verhindert wird. Bei ortsfesten Maschinen hat sich jedenfalls die Emulsionsschmierung trotz vieler Versuche an keiner Stelle einführen können.

Lokomotiven, die nicht in Verwendung der Reichsbahn sind, zeigen meist einen viel höheren Ölverbrauch und eine schlechtere Erhaltung. Laufstrecken von 200000 km mit einem Satz Kolbenringe werden auch nicht annähernd erzielt. Zunächst ist ein Grund, daß schlechte Schmierapparate und ungeeignete Rückschlagventile verwendet werden, ferner richtige Ölverbrauchszahlen unbekannt sind. Es wird durch die Überschmierung nur erreicht, daß die Rückstandsbildung ansteigt und die Erhaltung verschlechtert wird. Vielfach findet man auch sehr ungeeignete Öle im Gebrauch, wenn mit geringen Überhitzungen oder überhaupt mit Sattdampf gefahren wird. Es ist zu bedenken, daß bei geringen Überhitzungen ebenfalls während eines großen Teiles der Fahrstrecke nasser Dampf auftritt, welcher die Neigung hat, leichtflüssige ungefettete Öle fortzuwaschen, ohne daß sie eine Schmierwirkung entfalten können. Man findet Ölverbrauchszahlen von 10 kg auf 1000 km bis zu 70 kg auf 1000 km bei ganz kleinen Feldbahnlokomotiven. Bei letzteren herrschen natürlich, worauf schon bei der Besprechung der Braunkohlenindustrie hingewiesen wurde, ganz besondere Betriebsverhältnisse, da die Maschinen nach den heutigen Anforderungen zu schwach sind, und immer mit voller Füllung fahren. Das Bremsen geschieht dabei vielfach noch durch Gegendampf, womit eine weitere Erschwerung der Schmierung verbunden ist. Es sollten sich jedoch auch an diesen Maschinen ein Ölverbrauch von höchstens 10 kg pro 1000 km erzielen lassen, und weniger belastete Werkslokomotiven, Kleinbahnmaschinen u. dgl. müßten unbedingt mit dem Reichsbahnsatz des Zylinderölverbrauches (3,5—5,0 kg pro 1000 km) auskommen.

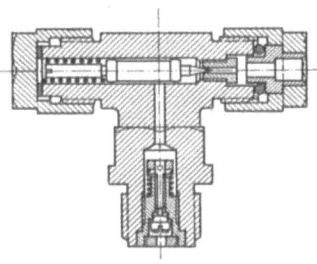

Abb. 24. Doppelrückschlagventil (Ölsperre) für Lokomotiven. (Wörner-Öler-Gesellschaft, Stuttgart.)

Es wurde bereits die Bedeutung der Rückschlagventile oder Ölsperren für den Lokomotivbetrieb kurz erwähnt, welche eine Entleerung der Druckleitungen zwischen Schmierapparat und Zylinder verhindern sollen. Alle bedeutenderen Hersteller von Schmierapparaten liefern solche Sperren, welche meist auf dem Prinzip beruhen, zwei sehr kräftige Rückschlagventile mit hohem spezifischem Dichtungsdruck hintereinander zu schalten. Die Reichsbahn bezog längere Zeit fast ausschließlich eine Sperre nach Abb. 24. Gegenwärtig besteht große Neigung, eine Ölsperre mit Membranbetätigung durchgängig einzuführen (Abb. 25). Sie geht von dem richtigen Gedanken aus, daß eine Sperre dieser Art niemals aufgesaugt werden kann, da sie in der entgegengesetzten Richtung öffnet wie alle anderen Sperren.

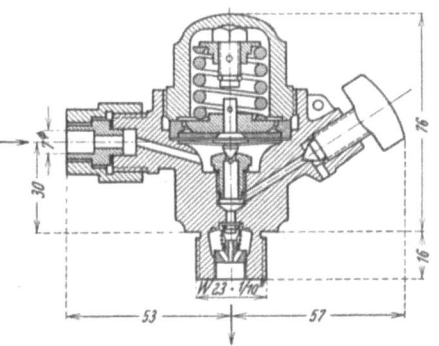

Abb. 25. Membranölsperre. (Olva-Ventil von De Limon, Fluhme & Cie, Düsseldorf.)

Die Öffnung erfolgt durch den Druck des Öles auf die Membran entgegen der Richtung des Ölstromes. Die Gegner dieser Sperre führen ins Feld, daß die Membran ermüden muß, und daß bei Bruch der Membran überhaupt kein Öl mehr in die Zylinder gelangen kann. Ein Membranbruch scheint allerdings bei der gegenwärtigen Bauart auszuschließen zu sein.

Steinitz, Maschinenschmierung.

130 Die Praxis der Maschinenschmierung in einzelnen Industriegruppen.

Ein sehr umstrittenes Gebiet ist die Triebwerksschmierung der Lokomotiven. Man findet hier noch fast überall die Handschmierung in Verbindung mit Dochtschmierung und der Ölverbrauch ist dementsprechend viel höher, als zur Aufrechterhaltung eines guten Schmierfilmes erforderlich wäre. Ein großer Teil des Öles geht aber durch die Eigenart der Lagerausbildung verloren. Verschiedentlich ist versucht worden, das Triebwerk in der einen oder anderen Form zu kapseln, jedoch kann man andererseits wieder den Fahrtwind zur Kühlung der Lager nicht entbehren. Für größere Lager, die dann mit entsprechender Kapselung versehen werden könnten, ist aber kein Platz vorhanden, und auch

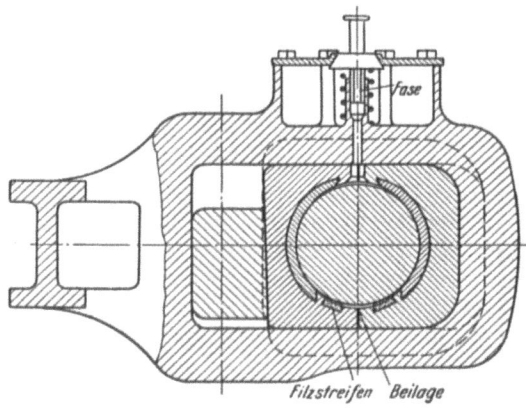

Abb. 26. Stangenlager für Lokomotiven. (Nach Kunze: Maschinenbau 1931.)

das Gewicht würde zu hoch werden. Es ist wenig bekannt, daß nicht einmal für genügend große Gegengewichte Platz und Gewicht verfügbar ist, so daß der Gang der Lokomotivmaschine nicht vollkommen ausgeglichen werden kann.

Bei Feldbahnmaschinen ist der Triebwerksölverbrauch im Verhältnis noch wieder bedeutend höher, da hier Heißläufer durch den Staub sehr leicht entstehen können und durch reichliche Ölgabe vermieden werden müssen. Man hat verschiedentlich Verbesserungen an den Triebwerkslagern der Lokomotiven vorgenommen und insbesondere versucht, das Weißmetall durch andere Lagermetalle zu ersetzen. Dies ist bisher nicht gelungen, und man hat eine geringe Verbesserung durch Weißmetallager in Verbindung mit Filzstreifen erzielt (Abb. 26). Ferner sind große Versuche gemacht worden und noch im Gange, die Schmierung durch Fett vorzunehmen. Das Fett will man den hauptsächlichsten

Schmierstellen durch entsprechende Buchsen zuführen. Hiermit wäre vielleicht doch eine Verbesserung der Erhaltung von Lokomotivtriebwerken zu erzielen. Augenblicklich gelingt es nicht einmal bei den Reichsbahnlokomotiven die Triebwerkslager von einer Hauptausbesserung zur andern, d. h. für 200000 km, durchzuhalten. Bei Feldbahnlokomotiven u. dgl. sind die Abnutzungszahlen natürlich noch viel höher, wobei gleichzeitig auch die Zapfen selbst nur sehr geringe Lebensdauer haben. Bei den Reichsbahnlokomotiven gelingt es immerhin, die Abnutzung im wesentlichen auf die Lagerschalen zu beschränken.

Bei den Achslagern der Lokomotiven liegen die Verhältnisse schon etwas günstiger, nur das Treibachslager hat auch ziemlich großen Verschleiß. Dies hat noch den Nachteil, daß hierdurch leicht das Stichmaß der gekuppelten Achsen verloren geht. Man versucht die Schmierung der Lokomotivachslager durch eine Oberschmierung zu verbessern, jedoch kann dies nur beim Anfahren einen bedingten Wert haben. Während der Fahrt wird durch Unterbrechung des Ölfilms die Schmierung eher verschlechtert (Abb. 27). Ferner sind augenblicklich Versuche im Gange, die Achslager durch Zentralfettpressen zu versorgen, jedoch ist zur Zeit noch mit einer sehr langen Dauer der Versuche zu rechnen.

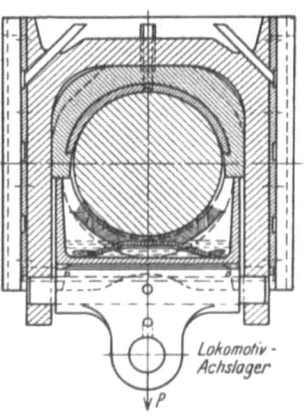

Abb. 27. Lokomotivachslager mit Oberschmierung. (Nach Kunze: Maschinenbau 1931.)

b) Elektrische Lokomotiven und Triebwagen. Bei elektrischen Lokomotiven gilt bezüglich der Motorenschmierung und der Triebwerksschmierung ungefähr das bei Dampflokomotiven Gesagte. Die Verhältnisse liegen insofern etwas einfacher, als die Zeiten zwischen den Überholungen bei elektrischen Lokomotiven immer noch etwas kürzer sind als bei Dampflokomotiven, so daß die Überholung der Lager im Rahmen der übrigen Arbeiten vorgenommen werden kann. Eine große Schwierigkeit bildet nach wie vor im elektrischen Betrieb die Schmierung der großen Zahnradgetriebe der Lokomotiven. Diese können wegen der Federung der Teile gegeneinander nicht in öldichten Gehäusen gekapselt werden, und man braucht deswegen ein Schmiermittel, welches sehr gut an den Zahnflanken haftet. Hierfür haben sich am besten gewisse Dauerschmiermittel bewährt.

Die übrigen elektrischen Fahrzeuge — also Reichsbahntriebwagen und Straßenbahnfahrzeuge — sind heute durchweg mit Wälzlagern ausgestattet und die Zahnradgetriebe sind öldicht gekapselt. Die Abnutzungszahlen liegen wegen der stoßartigen Beanspruchung aller Teile sowie wegen der Unmöglichkeit entsprechend große Lager zu bauen weit höher als an anderen Maschinen, jedoch sind hier in den letzten Jahren relativ große Verbesserungen erzielt worden. Einen großen Anteil an den Fortschritten haben die Schmiermittelhersteller, denen es gelungen ist, entsprechende Schmierfette herzustellen. Diese müssen bei Frosttemperaturen noch geschmeidig bleiben und bei Lagertemperaturen von bis zu 70⁰ im Sommer noch verwendbar sein.

Eine große Bedeutung für den Eisenbahnverkehr schienen eine Zeitlang die Triebwagen mit Verbrennungsmotoren zu erlangen. Inzwischen hat sich herausgestellt, daß aus vielen Gründen die Baukosten sehr hoch bleiben, und daß auch der Betrieb durch die häufige Überholung sämtlicher Teile weitaus teurer wird, als man vorher angenommen hatte. Immerhin wird auf gewissen Strecken diese Art von Triebwagen ihre Bedeutung behalten. Bezüglich der Schmierung der eingebauten Motoren und Getriebe gilt das gleiche wie für andere Kraftfahrzeuge.

Zahlentafel 1. **Spezifischer Flächendruck bei Lagerschalen von Reichsbahnfahrzeugen.**

Fahrzeug	Lagerdruck kg	V_{max} km/h	D mm	n U/min	v m/sec.	p kg/cm²
Güterwagen	7000	70	1000	360	2,24	24,8
Personenwagen...	5750	120	1000	600	3,83	34,3
Tender	8550	120	1000	600	4,50	30,8
Großraumgüterwagen	9550	70	940	400	2,38	47,5

V = Fahrgeschwindigkeit in km/h, D = Raddurchmesser in mm, v = Zapfenumfangsgeschwindigkeit.

c) **Anhängefahrzeuge.** Bei den Tenderachslagern und Wagenachslagern liegen die Verhältnisse etwas günstiger als bei den Lokomotiven. Allerdings werden die Schwierigkeiten an diesen Lagern von Außenstehenden vielfach unterschätzt und mancher Ingenieur wird überrascht sein, wenn er eine Zusammenstellung der Flächendrücke usw. an Eisenbahnfahrzeugen sieht. Die Zapfenumfangsgeschwindigkeiten bei Lokomotiven entsprechen übrigens meist denjenigen in den Achslagern. Die spezifischen Flächendrücke der Stangenlager entsprechen den obigen Werten bei größeren Geschwindigkeiten. Beim Anfahren werden aber bei manchen Lokomotiven Drücke bis zu 200 kg pro cm² bezogen auf die ganze Tragfläche erreicht (Zahlentafel 1). Zu den verhältnismäßig hohen Lagerbelastungen kommen noch dauernde Stöße während der Fahrt und gelegentlich stärkere Stöße im Verschiebedienst. Durch alle diese Umstände ist es erklärlich, daß die Erhaltung auch bei den Achslagern nicht so gut ist, wie im ortsfesten Maschinenbau, jedoch ist es im Reichsbahnbetrieb in den letzten Jahren gelungen, die Laufzeiten der Lagerschalen von einer Untersuchung bis zur andern auszudehnen, welche bei Personenwagen spätestens nach 2 Jahren, bei Güterwagen nach 3 Jahren, bei Tendern nach Erreichung der Soll-Leistung der Lokomotive stattfindet. Auch die Heißläufer sind bei der sog. DWV-Achsbuchse (Abb. 28) praktisch verschwunden. Dabei muß man berücksichtigen, daß die Fahrgeschwindigkeit der Güterzüge dauernd erhöht worden ist. Für Großraumgüterwagen mit einem Achsdruck von 10 t und Schnellwagen mit Dauerlaufgeschwindigkeiten über 120 km pro Stunde kommen neuerdings an Stelle des üblichen Achslagers mit Bahnmetall und Polsterschmierung Achslager verschiedener Konstruktionen mit mechanischer Schmierung und Rollenlagern in Frage. Die Einführung der Rollenlager scheint dabei nicht mit der vom technischen

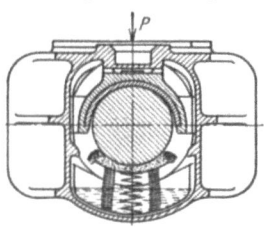

Abb. 28. DWV-Güterwagen-achslager. (Nach Kunze: Maschinenbau 1931.)

Standpunkt aus wünschenswerten Schnelligkeit vor sich zu gehen. Es sei bei dieser Gelegenheit erwähnt, daß man auch für Lokomotivtriebwerke Versuche mit Wälzlagern macht, und daß schon ganze Lokomotiven mit Wälzlagern ausgerüstet worden sind. Über die praktischen Erfolge ist noch wenig bekannt geworden.

An die Schmiermittel für Achslager ist vor allen Dingen die Forderung einer guten Haftfähigkeit und Kältebeständigkeit zu stellen. In großem Umfange werden sog. dunkle Achsenöle oder Destillate mit einem gewissen Asphaltgehalt benutzt. Straßenbahnen bevorzugen aus dem Grund der höhern Schlüpfrigkeit vielfach gefettete Maschinenöle als Achsenöle. Bei diesen ist, wie bei den Voltoölen, auch ein sehr günstiges Verhalten in der Kälte zu beobachten. Es wäre nur zu wünschen, daß die Erfahrungen der Reichsbahn von allen Benutzern von Schienenfahrzeugen sowohl bezüglich der Schmiermittel als auch der Lagerausbildung und insbesondere der Lagermetalle noch viel mehr als bisher ausgenutzt werden.

d) Kraftfahrzeuge mit Verbrennungsmotoren. Schmierungsverhältnisse.

Weitaus die größte Anzahl der Motorenfabrikate hat ein fast normalisiertes Schmierungssystem, bei dem das Öl durch die hohle Kurbelwelle zu den Pleuellagern gelangt und auf seinem Wege auch die Hauptlager durchläuft. Die Kolben bzw. Zylinder erhalten das Öl, welches von den Triebwerksteilen abspritzt in Form eines feinen Nebels zugeführt. Diese Schmierung ist recht roh, bei Beachtung verschiedener Erfahrungsgrundsätze haben sich jedoch lange Laufzeiten der Triebwerksteile erzielen lassen.

Daneben gibt es, wie später ausgeführt, noch kompliziertere Schmierungssysteme und auch andererseits wieder stark vereinfachte Schmierungen, wie z. B. beim Chevroletwagen und bei Zugmaschinen der International Harvester Company (s. Abb. 9, S. 77).

Immerhin sind auch bei diesen vereinfachten Schmiersystemen sehr verschiedenartige Anforderungen an das Motorenöl zu stellen, wie sie in dieser Mannigfaltigkeit bei keinem andern Verwendungszweck auftreten. Das Öl muß bei Außentemperaturen, die in unsern Gegenden zwischen -30^0 und $+30^0$ schwanken, eine Inbetriebsetzung gestatten, muß also sofort das Triebwerk genügend schmieren. Im Betriebe erwärmt sich dann das Öl schnell in den Leitungen auf eine Temperatur, die man im Sommer bei voller Belastung ziemlich gleichartig auf 80—120°C ansetzen kann. Gleichzeitig muß dasselbe Öl zur Zylinderschmierung dienen, und zwar sind die hier herrschenden Verhältnisse in dem Abschnitt über ortsfeste Verbrennungsmotoren eingehend beschrieben. Es ergibt sich hieraus vor allen Dingen, daß die üblichen Analysendaten, nach denen die Kraftfahrzeugöle verkauft werden, nur einen sehr geringen Wert haben.

Der Flammpunkt spielt nur eine ganz untergeordnete Rolle und wir sehen dementsprechend, daß einerseits Öle von sehr geringem Flammpunkt — also zwischen 190 und 220° — ausgezeichnete Resultate ergeben können, während andererseits Öle von hohem Flammpunkt, und zwar im äußersten Falle von 300°, gut sein können und wiederum zu starker Rückstandsbildung bei ungeeigneter Herstellung oder Verwendung führen.

Die Zähflüssigkeit, soweit sie bei 50° angegeben wird, hat ebenfalls fast keine Bedeutung für die Verwendungsfähigkeit. Wesentlich ist, daß das Öl bei 100° noch eine genügende Zähflüssigkeit hat, um die Zylinderwandungen schmieren zu können. Es ist sogar anzustreben, auch die Zähflüssigkeit noch bei 150° kennenzulernen. Eine gute Richtlinie ist es aber, wenn man wenigstens die Zähflüssigkeit bei 100° kennt, und zwar soll sie keinesfalls unter 1,4⁰ E sinken, falls man einige Ansprüche an das Öl stellt.

Über den Stockpunkt wurde bereits an verschiedenen Stellen gesprochen (s. S. 4), und es möge hier erwähnt werden, daß er gerade für die Kraftfahrzeugschmierung ziemlich bedeutungslos ist. Naturgemäß ist ein Öl unverwendbar, wenn es bei der zu erwartenden Außentemperatur völlig erstarrt ist. Andererseits sind aber eine große Reihe von Ölen noch unterhalb des Stockpunktes verwendbar, wenn sie noch so schmiegsam sind, daß sie in der Druckleitung der Ölpumpe vorwärts bewegt werden können.

Eine große Rolle spielt schließlich die Veränderlichkeit des Öles im Betriebe, wofür jedoch wie erwähnt, noch keinerlei festgelegte Vorschriften bestehen. Die Veränderungen des Öles im Kurbelgehäuse eines Kraftfahrzeugmotors sind aber so verschiedenartiger Natur, daß hierauf noch ausführlich eingegangen werden muß.

Verdünnung und Schwärzung. Von vielen Seiten, insbesondere auch von Motorenfachleuten und teilweise sogar von Chemikern, wird noch angenommen, daß das Öl im Motor sich gewissermaßen durch den Gebrauch innerlich abnutzt und dabei verdünnt oder verdickt und schwärzt. Dies ist jedoch nicht der Fall. Die Verdünnung rührt lediglich davon her, daß unverbrannter Brennstoff an dem Kolben herabläuft, wobei auch Ruß mit herabgeführt wird. Es ist einwandfrei nachgewiesen, daß man aus jedem gebrauchten Motorenöl einen großen Teil völlig klares Öl wiedergewinnen kann. Dieses entspricht fast genau dem frischen Öl, es sind nur in Einzelfällen einige leichtsiedende Bestandteile herausgefallen. Von vielen Seiten wird sogar behauptet, daß diese aufgearbeiteten Öle vielen handelsüblichen frischen Ölen etwas überlegen sind. Die Ölverdünnung wird insbesondere bei geringwertigen Brennstoffen mit schwer vergasbaren Anteilen gefördert, wenn beim Anlassen die Betriebsvorschriften nicht befolgt werden. Es muß immer wieder betont werden, daß die sog. Starterklappe des Vergasers nach dem Anspringen des Motors nicht mehr benutzt werden darf, da ein Anwärmen des Motors hierdurch nicht möglich ist. In den ersten Minuten nach dem Start werden durch falsche Behandlung starke Abnutzungserscheinungen hervorgerufen, da die Schmiervorrichtung zu dieser Zeit noch kein Öl an die Zylinderwände fördert und durch den überreichlich zugeführten Brennstoff der noch vorhandene Ölfilm abgespült wird.

Die Verdünnung wird dann gefährlich, wenn mehr als 10% Brennstoff im Öl enthalten sind. Es ist bei diesem Brennstoffgehalt bereits mit einer Verdünnung von z. B. 15⁰ E auf 4⁰ E bei

50° C zu rechnen. Hierbei spielt es keine Rolle, ob ursprünglich sehr dickflüssiges Öl eingefüllt wurde, so daß auch nach der Verdünnung das Öl noch einen schmierfähigen Eindruck macht. Zur Messung der Ölverdünnung gibt es jetzt einen einfachen Taschenapparat, der sich schon für einzelne Wagen lohnt, für Betriebe mit mehreren Wagen aber unbedingt zu empfehlen ist[1]. Ein Einfluß der Ölqualität auf die Verdünnung und Schwärzung war bisher nicht nachzuweisen, da kein Öl dem Herabfließen des Brennstoffes einen wesentlichen Widerstand entgegensetzen konnte. Es ist jedoch anzunehmen, daß Öle, die unter den Verhältnissen an den Zylinderwänden recht dickflüssig sind, sich hier am günstigsten verhalten. Bei einigen Ölen macht sich eine Schwärzung infolge der ursprünglich kräftig grünen Farbe stärker bemerkbar, ohne daß der Rußgehalt bereits sehr groß zu sein braucht. Es ist auch darauf hinzuweisen, daß Ruß allein die Schmierfähigkeit noch nicht sehr stark herabsetzt. In diesem Zusammenhang ist noch zu erwähnen, daß beim Fehlen aller verdünnenden Einflüsse durch eine geringe Verdampfung des Öles auch eine Verdickung auftreten kann, die naturgemäß ebenfalls beobachtet werden muß. Zu stark verdicktes Öl muß ausgewechselt werden.

Damit kommen wir auch zu der Frage, wann der Ölwechsel vorgenommen werden muß. Ist keine Prüfung des Öles möglich, oder ist die Qualität zweifelhaft, so wird man sich unbedingt nach den Empfehlungen der Motorenfirmen oder der Ölfirmen richten müssen, die einen Ölwechsel zwischen 1500 und 3000 km Fahrstrecke bzw. bei Lastwagen und Treckern nach 60 stündigem Betrieb vorschreiben. Wird aber die Veränderung des Öles dauernd beobachtet, so lassen sich viel längere Fahrstrecken erzielen, wobei natürlich auch der Ölverbrauch eine Rolle spielt. Solange sich das Öl in der Farbe und Zähflüssigkeit nicht verändert, ist überhaupt kein Ölwechsel erforderlich. Aber auch eine stärkere Schwärzung spielt keine Rolle, solange kein Gehalt an Metallteilchen stärker hervortritt. In gut geleiteten Betrieben sind bei genau kontrollierter geringer Abnutzung Fahrstrecken von weit über 8000 km mit einer Ölfüllung erreicht worden.

Rückstandsbildung im Kurbelgehäuse. Die Rückstände können hier schlammartiger, faseriger oder koksartiger Natur sein. Von den schlammartigen Rückständen wird vielfach angenommen, daß es Teile sind, die sich aus dem Öl abgesetzt haben. Diese Annahme wird dadurch unterstützt, daß sie oft gleichzeitig mit starker Ölverdünnung auftreten. Die Unter-

---

[1] R. Jung A.-G. Heidelberg.

suchung des Schlammes ergibt immer, daß er zu etwa 50—80%
aus Wasser besteht, welche mit einem Teil des Öles eine beständige Emulsion gebildet hat. In dieser Emulsion ist natürlich auch Ruß enthalten. Das Wasser könnte von der Verbrennung herrühren, bei der ja aus 1 kg Brennstoff ungefähr 1 kg
Wasserdampf entsteht, der normalerweise mit dem Auspuff fortgeht. Es könnte nun sein, daß sich bei sehr kalter Maschine ein
Teil des Wasserdampfes im Verbrennungsraum niederschlägt
und mit dem unvergasten Brennstoff in das Kurbelgehäuse
hinunterläuft. Nachgewiesen ist dies nicht, und die Entstehung
beträchtlicher Wassermengen kann ebenso zwanglos durch
Schwitzwasser infolge der stark wechselnden Temperaturen des
Kurbelgehäuses erklärt werden. Tritt sehr starke Schlammbildung
auf, so ist jedenfalls die Temperatur des Motors sehr genau zu
überwachen. Mit der Ölqualität hat die Schlammbildung wenig zu
tun. Allerdings neigen gefettete Autoöle aller Art mehr zur
Schlammbildung, aber immer nur bei Anwesenheit von Wasser.

Feste Rückstände im Kurbelgehäuse bestehen nach sehr langer
Laufzeit ohne Abnahme der Kurbelwanne aus verhärtetem Ruß
sowie teilweise aus Koksteilchen, die sich von den Kolbenböden
lösen. Auch können ziemlich erhebliche Mengen abgeriebener
Metallteilchen in den Rückständen vorhanden sein. Gröbere
Metallteilchen sowie faserartige Rückstände wurden bei Beanstandungen, welche der Verfasser zu bearbeiten hatte, auch mitunter mit dem Öl in Verbindung gebracht, habe aber damit nichts
zu tun. Sie rühren von ungenügender Reinigung des Kurbelgehäuses bei Überholungen her. Beobachtungen in neuester Zeit
zeigen, daß bei sehr gewissenhafter Arbeit, also beim Läppen
und Honen der Zylinder äußerst feiner Staub entsteht, der nur
durch besondere Vorkehrungen entfernt werden kann. Geschieht
dies nicht, so ist erhöhte Abnutzung die Folge. Bei Fasern konnte
mehrfach die Herkunft von ungeeignetem Reinigungsmaterial
nachgewiesen werden. Über die möglichen Verunreinigungen im
frischen Öl wurde bereits gesprochen.

Rückstandsbildung im Verbrennungsraum. Koksartige Rückstände an den Wänden des Verbrennungsraumes, auf
dem Kolbenboden und an den Ventilen rühren immer von Öl
her. Bei unvollkommener Verbrennung des Kraftstoffes entsteht
wohl Ruß, jedoch kann sich dieser nur in Verbindung mit eingedicktem Öl zu stärkeren Rückständen ausbilden. Es ist verschiedentlich versucht worden, die Schnelligkeit des Anwachsens
der Rückstände mit der Ölqualität, insbesondere mit der Herkunft
der Öle in Verbindung zu bringen. In den Vereinigten Staaten sind

138 Die Praxis der Maschinenschmierung in einzelnen Industriegruppen.

Riesensummen für entsprechende vergleichende Versuche ausgegeben worden. Eine Lösung des Problems ist bisher nicht erfolgt. Es scheint nur festzustehen, daß reine Naphthenbasisöle, wie die russischen und ein Teil der amerikanischen sowie Paraffinbasisöle, wie die pennsylvanischen weniger zur Rückstandsbildung neigen als Öle auf Asphaltbasis. Ganz sicher ist dies aber noch nicht, denn der Verfasser konnte ebenfalls sehr geringe Rückstandsbildung bei der Verwendung bekannter Markenöle auf Asphaltbasis beobachten.

Den größten Einfluß auf die Geschwindigkeit der Rückstandsbildung hat die Menge des Öles, welche in den Verbrennungsraum gelangt, und es ist demnach schon beim Bau der Motoren darauf Rücksicht zu nehmen, daß die Kolben nicht zuviel Öl erhalten, und daß vor allen Dingen die Pumpwirkung der Kolbenringe sich nicht zu stark auswirkt. Die Wirkung der Kolbenringe ist sehr eigenartig, da gleichzeitig Öl in den Verbrennungsraum gefördert wird, und Brennstoff nach unten läuft. Jedenfalls ist bei ausgeschlagenen Kolbenringnuten und ausgelaufenen Zylindern das häufig geübte Verfahren unzweckmäßig, jetzt besonders dickflüssige Öle zu verwenden, um ohne Reparatur auszukommen. Dickflüssige Öle neigen unter sonst gleichen Verhältnissen noch stärker zur Rückstandsbildung als andere.

Ganz zu vermeiden ist die Rückstandsbildung im Verbrennungsraum nicht, jedoch soll sie frühestens nach 20000 km bzw. bei Treckern nach 600—800 Betriebsstunden so weit fortgeschritten sein, daß eine Entfernung der Rückstände notwendig wird. Zu erwähnen ist noch das gelegentliche Auftreten von pechartigen Rückständen, insbesondere an den Auspuffventilen. Vielfach wird es der Verwendung ungeeigneter Brennstoffe zugeschrieben, welche bei der Verbrennung harzartige Stoffe bilden. Jedoch ist in Deutschland die Verwendung solcher Brennstoffe noch nicht beobachtet worden. Rückstände dieser Art sind eher auf die Verwendung zu stark gefetteter Öle zurückzuführen.

Überstarke Abnutzung — plötzliche Defekte. Ein Kraftfahrzeugmotor soll heute 40000—50000 km ohne größere Überholung aushalten. Bei Treckern, Grubenlokomotiven u. dgl. kann man mit einer Zeit von 2000 Arbeitsstunden vor der ersten Überholung bzw. zwischen zwei Überholungen rechnen. Nach dieser Zeit müssen mindestens die Kolbenringe erneuert, wahrscheinlich aber die Zylinder nachgeschliffen und einzelne Lager erneuert werden. Ein Nachschleifen der Ventile wird dagegen schon in kürzeren Abständen erforderlich sein. Schreitet die Abnutzung schneller vor, als den angegebenen Zahlen entspricht, so ist sie als übermäßig zu bezeichnen. Als Grund wird meist ein ungeeignetes Motorenöl angegeben, aber der Zusammenhang zwischen Ölqualität und Abnutzung bei Kraftfahrzeugmotoren ist trotz vieljähriger Versuche bisher nicht geklärt. Allerdings ist auch bisher bei jedem Versuch dieser Art niemals die Möglichkeit von Fehlern ausgeschaltet gewesen. Die neuesten Forschungen zeigen, daß Öle, welche bei 100⁰ eine Zähflüssigkeit zwischen 2,7 und 3 E haben, die geringste Lagerabnutzung ergeben. Bei sehr fein eingepaßten Kolben ist dagegen eine geringere Zähflüssigkeit günstig für geringe Abnutzung. Den größten Einfluß auf die Geschwindigkeit der Abnutzung hat immer die Schnelligkeit der Ölverdünnung und es sei nochmals auf richtiges Verhalten beim Anlassen hingewiesen. Mehrere Firmen bringen neuerdings eine besondere Zylinderschmierung an, welche während des Anlassens wirkt. Die Erfolge sind bezüglich verringerter Abnutzung ausgezeichnet, obgleich die Einrichtung teuer ist.

Plötzliche Defekte, wie Auslaufen von Lagern, Brechen von Kugellagern und Festbrennen von Kolben gehören gegenwärtig zu den allergrößten Seltenheiten. Ein Zusammenhang mit der Ölqualität war in sehr zahlreichen Fällen, welche bearbeitet wurden niemals nachzuweisen. Dagegen wurde in einigen Fällen bestimmt eine zu weit getriebene Ölverdünnung als Ursache ermittelt. Es wird vielfach mit Ölen gefahren, die zu 15% mit Brennstoff verdünnt sind, und es ist dann schon merkwürdig, wenn kein Defekt eintritt. In anderen Fällen war der Tatbestand schon so verwischt, daß eine Aufklärung nicht mehr möglich war, jedoch war in den meisten Fällen die Ölverdünnung wahrscheinlich ebenfalls schuld. Natürlich können auch mechanische Defekte, wie Lösen oder Verstopfung von Ölleitungen, Ausbrechen ungeeigneter Lagermetalle u. dgl. als Gründe in Frage kommen, jedoch ist dies noch bedeutend seltener bei dem heutigen Stande des Motorenbaues und der Reparaturenausführung.

Motorenleistung und Schmierung. Von vielen Seiten wird behauptet, daß die Art des Öles einen großen Einfluß auf die Spitzenleistung des Motors habe. Jedoch ist dies in keinem Fall nachgewiesen. Wie die geringe Abnutzung zeigt, herrscht an fast allen Stellen des Automobilmotors ziemlich reine Flüssigkeitsreibung, so daß für die Reibungsverluste praktisch nur die Zähflüssigkeit maßgebend ist. Bei betriebsmäßiger Öltemperatur sind aber die Unterschiede in der Zähflüssigkeit der Öle nur sehr gering. An Lastwagenmotoren u. dgl. ist bestimmt kein Unterschied in der Leistung durch verschiedenartige Öle zu erzielen, während er bei Rennmotoren einige Prozent betragen kann.

Viel zu wenig beachtet werden dagegen die Unterschiede in der Leistung, welche sich bei kalten Motoren ergeben. Bei einem Personenwagen, der in der kalten Jahreszeit hauptsächlich im Stadtbetrieb gefahren wird, wird beispielsweise die Öltemperatur im Kurbelgehäuse sowie an den Lagerstellen kaum über 50^0 steigen und vielfach noch weit darunter liegen. Bei diesen Temperaturen sind die Zähflüssigkeiten der Öle aber sehr weit auseinander. Bei 50^0 hat das dünnflüssigste Öl eine Zähflüssigkeit von 3,5, während die dickflüssigsten Öle bis zu einer Zähigkeit von 30^0 E hinaufgehen. Es ist dies ein Verhältnis von 1:9. Bei 20^0 würden sich die gleichen Öle in ihrer Zähigkeit aber schon wie 1:50 verhalten. Hieraus kann man sehen, welche Reibungsersparnisse bzw. Brennstoffersparnisse bei kalten Motoren zu erzielen sind. Deswegen sei noch einmal auf die Verwendung von Ölen mit flacher Zähigkeitstemperaturkurve hingewiesen.

Ölverbrauch. Der Ölverbrauch geschieht beim Kraftfahrzeugmotor, was noch zu wenig beachtet wird, nur zum geringen Teile durch Verdampfung des Öles oder andere Verluste, sondern praktisch nur dadurch, daß bei jedem Hube etwas Öl in den Verbrennungsraum gelangt und dort verdampft und verbrennt. Die Geschicklichkeit des Konstrukteurs liegt also darin, die Menge des vom Triebwerk abgespritzten Öles so zu beherrschen, daß keine übermäßige Schmierung der Kolben stattfindet. Der Motorenbenutzer hat auf den Ölverbrauch nur wenig Einfluß. Sicher ist, daß bei großem Spiel der Triebwerkslager mehr Öl abgespritzt wird, und daß Öle, die bei der Temperatur an den Zylinderwänden sehr dünnflüssig sind, stärker verbraucht werden als andere. Eine Veränderung des Druckes in der Ölleitung, wie sie verschiedentlich von Motorenbesitzern versucht wird, hat kaum irgendwelchen Einfluß auf den Ölverbrauch. Bei Personenwagen gilt als normal ein Verbrauch von 100—300 g je nach dem Hubvolumen für 100 km — d. h. von 1—3% des Brennstoffverbrauches. Bei Lastwagenmotoren kann ein Verbrauch von bis 4% des Brennstoffverbrauches als wirtschaftlich angesehen werden. Ölverbrauch in weit größerer Höhe wird vielfach beobachtet, ist aber immer durch geeignete Umbauten auch bei älteren Motoren abzustellen. Auf jeden Fall ist auch bezüglich des Ölverbrauches auf eine geeignete Zähigkeit des Öles bei 80, 100 und 150^0 zu achten, während die Zähigkeit bei 50^0 keine Rolle spielt. Ebenfalls spielt also Art oder Herkunft des Öles keine Rolle, solange die geeignete Zähigkeit erzielbar ist.

Gefettete Öle, Obenschmierung, Graphit. Von einigen gefetteten Ölen wird behauptet, daß die Motoren hiermit geradezu

Wunderleistungen vollbringen, während die Gegner dieser Öle wiederum Nachteile ins Feld führen. Richtig ist, daß sich bei gefetteten Ölen die günstigsten überhaupt erzielbaren Zähigkeitskurven auch für Autoöle erzielen lassen und daß insbesondere Rizinusöl unter den Verhältnissen an den Zylinderwänden eine unübertreffliche Schmierwirkung entfaltet. Die Wirkung ist aber voll nur spürbar, wenn Öle verwendet werden, die über 70% Rizinusöl enthalten. Solche Öle sind andrerseits für den regelmäßigen Fahrbetrieb unbrauchbar und nur für kurze Rennen zu empfehlen, da das Rizinusöl sonst zerfällt und gummiartige Produkte bildet. Andere gefettete Öle, wie z. B. Voltol sind insofern günstig, als sie weitgehend als Einheitsöl ähnlich wie ganz hochwertige reine Mineralöle bei guter Schmierwirkung zu verwenden sind. Es ist aber immer zu beachten, daß alle gefetteten Öle bei Anwesenheit von Wasser stärker zur Emulsionsbildung neigen, als reine Mineralöle.

Es steht fest, daß der oberste Kolbenring, sowie die Ventilschäfte beim normalen Kraftfahrzeugmotor in der Schmierung zu kurz kommen, und man hat vielfach versucht, hier durch besondere Schmiervorrichtungen Abhilfe zu schaffen. Leider ergibt sich aber bei einwandfreier Konstruktion solcher Schmiervorrichtungen eine starke Verteuerung. Nun werden Zweitaktmotoren schon seit 30 Jahren so geschmiert, daß dem Betriebsstoff eine gewisse Menge Öl, und zwar zwischen 3 und 5% beigemischt werden. Nachdem bis vor einigen Jahren diese Motoren im Fahrbetrieb stets qualmten und weniger gut in der Erhaltung waren als Viertaktmotoren, hat sich dies jetzt ausgeglichen. Es lag daher nahe, die Erfahrungen auch auf Viertaktmotoren anzuwenden. Es ist aber hierbei zu berücksichtigen, daß das Öl, welches durch den Vergaser mit hindurchgeht, beim Viertaktmotor auf einem sehr kurzen Wege in den Zylinder gelangt, wobei gleichzeitig in den Ansaugrohren jede Kondensation zu vermeiden ist. Beim Zweitaktmotor geht dagegen das Gemisch erst ins Kurbelgehäuse oder in eine besondere Ladepumpe, wobei Ölausscheidungen ohne Nachteil oder sogar erwünscht sind. Hierbei ist bei der Zusammenstellung der Obenschmiermittel Rücksicht zu nehmen, und zwar ist Deutschland bei der geschickten Zusammenstellung solcher Obenschmiermittel bisher führend gewesen. Bezeichnenderweise werden eine Reihe dieser Obenschmiermittel in Deutschland zusammengestellt und dann mit einem ausländischen Namen versehen. Im Auslande, besonders in den Hauptautomobilländern ist das Interesse für Obenschmierung dagegen verschwindend gering. Der wesentliche Bestandteil guter Obenschmiermittel ist ein hochraffiniertes Spindelöl, möglichst auf Naphthenbasis, welchem Tetralin oder Erdöldestillate zwecks besserer Mischbarkeit zugesetzt werden. Auch mineralöllösliches Rizinusöl findet sich als zweckmäßiger Zusatz. Alle anderen Zusätze dagegen sowie auch Farbe spielen bei der Bewertung keine Rolle. In der Praxis hat sich bei manchen Motoren eine günstige Wirkung im Schmierungszustande des obersten Kolbenringes sowie der Ventilschäfte gezeigt, bei anderen Motoren war eine Wirkung nicht erkennbar.

Seit einigen Jahren wird ferner versucht, Graphit, welcher als Schmiermittelzusatz seit langem bekannt ist, auch für Kraftfahrzeugmotoren zu verwenden. Zunächst ist zu betonen, daß nur kolloider Graphit nach dem Achesonverfahren oder nach dem Karplusverfahren zur Verwendung gelangen darf. Alle anderen Verfahren ergeben zu grobe Graphite. Eine günstige Wirkung des Graphitzusatzes beim Einlaufen der Motoren scheint festzustehen, insbesondere nachdem die Lager nicht mehr eingeschabt werden. Ebenso hat Graphit eine günstige Wirkung in Zylindern, wenn durch irgendwelche Umstände ein guter Laufspiegel nicht zu erzielen ist. Wie sich eine Dauerverwendung des Graphites sowie ein Zusatz zum Brennstoff auswirkt, darüber liegen noch keine längeren Erfahrungen vor. Jedenfalls ist die Sache mit großem Interesse zu verfolgen. Auch über die Einwirkung der Graphites im Dauerbetrieb auf Kugel- und Rollenlager sind noch weitere Versuche abzuwarten.

Getriebeschmierung. Für Getriebeschmierung sind teils dünn- bis dickflüssige Öle, teilweise Fette oder Fett-Öl-Gemische und schließlich noch besondere Getriebeschmiermittel für Kraftfahrzeugbetrieb auf dem Markt. Werden in einem Getriebe keine Zahnräder während des Laufes ineinandergeschoben — also sind nur Klauenkupplungen u. dgl. vorhanden oder ist eine Synchronisierung vorgesehen, so ist das dünnflüssigste Öl zu empfehlen, welches mit Rücksicht auf die Dichtungen im Getriebe zu halten ist. Dementsprechend ist auch für die Hinterachsen bzw. Vorderradantrieb, wenn er vom Getriebe getrennt ist, immer ein dünnflüssiges Öl zu empfehlen. Werden Zahnräder verschoben, so sind dagegen dickflüssige Öle oder Spezialgetriebeschmiermittel vorzusehen. Diese sind auch so erhältlich, daß keine Verluste durch Undichtigkeiten auftreten. Vor der Mischung von Autoölen mit billigen Fetten ist dagegen immer zu warnen, da die Fette sich bei niedrigen Temperaturen aus der Mischung abscheiden, bei höheren Temperaturen aber sich zu stark verändern, Krusten bilden u. dgl.

I. Zentral- und Umlaufschmierung.
1. Kraftmaschinen.

Bezüglich der ortsfesten Kraftmaschinen wie Kolbendampfmaschinen, Verbrennungsmotoren und Dampfturbinen wurden an verschiedenen Stellen bereits die hauptsächlichsten Gesichtspunkte besprochen, und es wurde auch darauf hingewiesen, daß sich der Einbau von Umlaufschmierungen an älteren Dampfmaschinen als den einzigen Stellen, wo sich die Umlaufschmierung noch nicht vorfindet, immer lohnen wird. Eine gewisse Unsicherheit findet sich lediglich beim Bau der Schmierungen von Motoren für Kraftfahrzeuge, und es sei hier auf einige Einzelheiten hingewiesen, welche auch für andere Maschinen sehr lehrreich sind. Wir stellen zunächst zwei extreme Fälle einander gegenüber, welche beide nach den gestellten Anforderungen als sehr vollkommen bezeichnet werden können. Das erste Schmiersystem (Abb. 9, S. 77) entstammt einem sehr bewährten Motor für Zugmaschinen. Es ist gekennzeichnet durch kurze weite Ölleitungen von der Zahnradpumpe aus, welche zu Näpfen unterhalb der Pleuellager führen. Die Kurbelwellenlager sind sehr starke Wälzlager, welche in der Schmierung äußerst anspruchslos sind. Entsprechend der zweimaligen Lagerung muß aber die Kurbelwelle äußerst stark ausgeführt sein. Diese Schmierungsanordnung gestattet die Verwendung sehr verschiedenartiger Öle und macht eine Unterscheidung zwischen Winteröl und Sommeröl praktisch unnötig, solange das Öl nicht vollkommen zu einem starren Block gefriert. Bereits nach ganz kurzer Zeit setzt nach dem Anlassen die Förderung an den Ölnäpfen ein, während die Kugellager bis zum Auftreten des Ölnebels im Kurbelgehäuse mit den vorliegenden Ölmengen auskommen. Es ist an Maschinen dieser Art wiederholt beobachtet worden, daß sie ohne Ölvorrat im Kurbelgehäuse längere Zeit ohne Schaden gearbeitet haben, bis der letzte Rest des Öles aus den Näpfen verbraucht war. Die Schmiereinrichtung hat nur den einen Nachteil, daß der Ölverbrauch recht hoch ist, da sehr große Ölmengen im Kurbelgehäuse umhergewirbelt werden.

Ganz im Gegensatz zu dieser einfachen Umlaufschmierung steht eine kompliziert durchgeführte Einrichtung, wie wir sie im folgenden beschreiben. Das Kurbelgehäuse hat hier einen sog. Trockensumpf, und das Öl läuft in einen besonderen Teil des Kurbelgehäuses, welcher als Ölbehälter ausgeführt ist. Von hier gelangt das Öl durch die Zahnradpumpe in die Grundlager und von diesen durch die hohle Kurbelwelle zu den Pleuellagern. Von den Pleuellagern soll das Öl durch eine Ölleitung an der Pleuelstange bis zum Kolbenbolzen gelangen. Welche Vorgänge sich im einzelnen in einer solchen Umlaufschmierung abspielen, ist noch gänzlich ungeklärt. Man weiß ja heute noch nicht einmal, welche Ölmengen durch eine Druckschmierung durch ein einzelnes Lager hindurchgehen, und welcher Bruchteil der von der Pumpe geförderten Menge ohne Schmierwirkung nur um das Lager herumgespült wird. Dementsprechend ist es natürlich völlig unbekannt, welche Ölmengen auf den verschiedenen Umwegen schließlich zum Kolbenbolzen oder sogar den Kolbenbolzenlagern gelangen. Bei Versuchen könnte sich sehr wohl herausstellen, daß eine derartig teuere Schmiervorrichtung lediglich einen Verkaufswert darstellt, und auch dieser ist noch zweifelhaft, da die große Menge der Käufer von Schmiereinrichtungen keine Ahnung hat. Dies ist um so eher anzunehmen, als auch wie erwähnt, den Fachleuten zum großen Teil die Einzelheiten der Vorgänge noch unbekannt sind. Es hat den Anschein, als wäre heute im Kraftwagenbau eine Schmierungseinrichtung einer weniger komplizierten Bauart, wie sie heute fast als normalisiert gelten kann, das Zweckmäßigste. Wenigstens ist sehr geringer Ölverbrauch und gleichzeitig die geringste bis heute erzielte Abnutzung mit Schmiervorrichtungen ganz einfacher Art erzielt worden.

Ein verhältnismäßig häufig beobachteter Fehler an Umlaufschmierungen für Fahrzeugmotoren betrifft die Lage der Ölpumpe. An sich ist der Gesichtspunkt richtig, sie so tief wie möglich zu legen, damit ihr das Öl richtig zufließt und auch bei sehr dickflüssigem Öl die Förderung nicht abreißen kann (Abb. 28). Man übersieht aber, daß die Verunreinigungen, welche im Betriebe in das Öl gelangen, also insbesondere sehr feiner Staub und abgeriebenes Metall sowie gröbere Kohlenstoffteilchen durch Siebe, und zwar auch die allerfeinsten, nicht zurückgehalten werden können. An der tiefsten Stelle des Ölumlaufes muß deswegen ein Schlammsack vorgesehen sein, in dem das Öl Zeit hat, schwere Teilchen abzusetzen. Die Förderung der Ölpumpe darf nicht aus diesem Teil erfolgen. Dem Verfasser ist insbesondere ein Fall bekannt geworden, wo eine falsch angeordnete Umlaufpumpe großen Schaden verursacht hat. Durch die mitgeführten Unreinlichkeiten wurden bei allen Motoren des betreffenden Modelles die Kurbelwellen trotz des besten Materiales sehr stark abgenutzt. Die Übelstände verschwanden sofort nach Verlegung der Ölpumpe. Auch die Einschaltung eines Ölfilters in den Hauptölumlauf eines Fahrzeugmotors hat keinen Zweck. Ist der Filter fein genug, so ist er in ganz kurzer Zeit verstopft, und das Öl entweicht durch die vorgesehene Umgehungsleitung doch wieder direkt ohne Filterung an die Lagerstellen. Ist der Filter dagegen gröber, so gehen die zu entfernenden Teilchen ungehindert hindurch. Eine gewisse Wirkung entfalten Ölfilter, welche zum Hauptölstrom parallel geschaltet werden. Wenigstens ist beobachtet, daß bestimmte Konstruktionen solcher Filter in kurzer Zeit ziemlich erhebliche Mengen von Ruß u. dgl. aufnehmen. Ob hierdurch eine Verbesserung der Erhaltung erzielt wird, ist allerdings noch nicht ganz einwandfrei bewiesen.

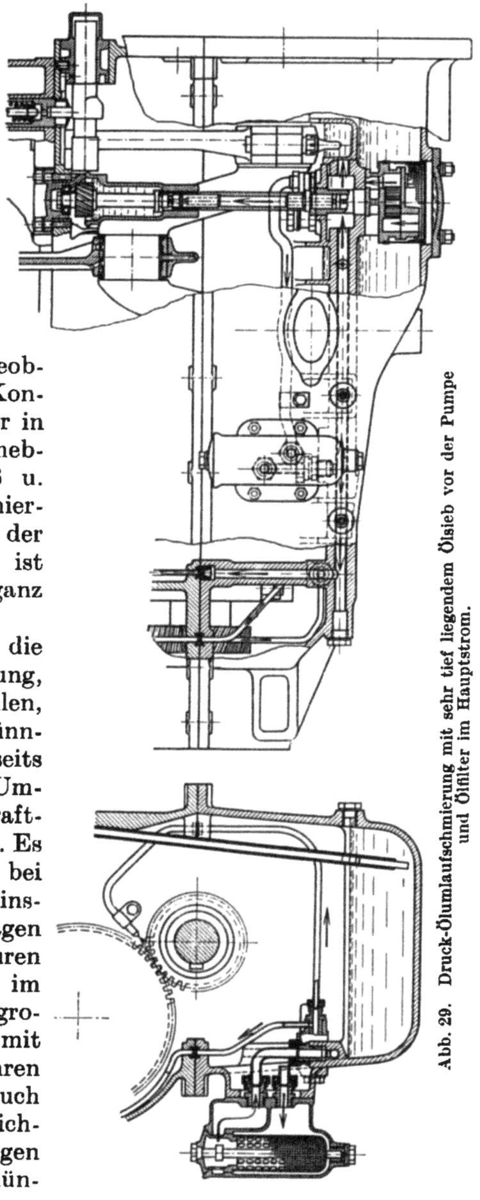

Sehr umstritten ist die gegenwärtige Bestrebung, das Öl einerseits zu kühlen, damit es nicht zu dünnflüssig wird und andererseits wiederum während des Umlaufes zu erhitzen, um Kraftstoffanteile abzudampfen. Es hat sich gezeigt, daß bei richtigem Betrieb das Öl insbesondere bei Personenwagen kaum zu hohe Temperaturen annimmt, sondern daß im Gegenteil während eines großen Teiles des Jahres mit zu dickflüssigem Öl gefahren wird. Ferner kann man auch ohne komplizierte Einrichtungen und den heutigen Brennstoffen eine Ölverdün-

Abb. 29. Druck-Ölumlaufschmierung mit sehr tief liegendem Ölsieb vor der Pumpe und Ölfilter im Hauptstrom.

Steinitz, Maschinenschmierung. 10

nung vermeiden. Sollte es allerdings gelingen, eine einfache regelbare Einrichtung zu schaffen, welche bestimmte Temperaturen des Öles schafft, so wäre dies zu begrüßen, da man dann mit einem Öl immer auskäme. Die gegenwärtigen Einrichtungen ergeben, wenn man sie so ausbauen wollte, eine weitaus zu große Komplikation der Maschinen.

2. Arbeitsmaschinen.

Man kann ohne Übertreibung sagen, daß die letzten 3 bis 4 Jahre einen starken Wandel in der Schmierung der Arbeitsmaschinen gebracht hat. Bis zu dieser Zeit wurde an der Überzahl der Maschinen die Schmierung recht stiefmütterlich bedacht. Es entspricht sogar den tatsächlichen Verhältnissen, daß beim Bau vieler Maschinen an die Schmierung überhaupt nicht gedacht wurde. Die Folge ist, daß nach dem Bau der Maschine an jeder Lagerstelle nach Gutdünken ein Loch gebohrt und eine Staufferbuchse vorgesehen werden mußte. In der Praxis sind solche Maschinen von viel zu geringer Lebensdauer und geben während ihrer Lebensdauer zu vielen Störungen Anlaß. Es hat sogar eine große Reihe von Arbeitsmaschinen gegeben, die nur aus Gründen der Schmierung nach Fertigstellung nochmals von Grund aus neu gebaut werden mußten. Das Ideal wäre es, jede Arbeitsmaschine mit einer vollständig automatischen Schmierung, am besten einer Umlaufschmierung auszurüsten, um so die Bedienung noch weiter zu vereinfachen und bezüglich der Erhaltung der Maschine von der Bedienung nahezu unabhängig zu werden. Dies entspricht auch den allgemeinen Bestrebungen der heutigen Zeit auf allen Gebieten, die menschliche Arbeit weitgehend auszuschalten. Es ist noch zu wenig bekannt, welche Kosten in einigen Betrieben durch das sog. Abschmieren der Maschinen entstehen. Ein extremer Fall sind größere Automaten in der Metallbearbeitung, wo das Abschmieren von Hand bereits mehrere Stunden pro Tag in Anspruch nimmt, während welcher Zeit die Maschine auch noch für die Produktion ausfällt. Sehr große Abschmierzeiten sind auch für einzelne Druckereimaschinen erforderlich.

Recht schwierig ist das Problem für den Betriebsleiter, ein oder mehrere Maschinen auf Zentralschmierung umzubauen. Es erhebt sich zunächst die Frage, ob Fett- oder Ölschmierung vorzusehen ist. Es wurde bereits erwähnt, daß Ölschmierung nach Möglichkeit vorzuziehen ist. Nur wo sehr geringe Bewegungen stattfinden, ist man heute eigentlich gezwungen, bei der Fettschmierung zu bleiben. Ebenso hat die Fettschmierung ihre Vorzüge, wo sehr viel Wasser oder Staub auftritt.

Zur Wahl des Schmierapparates kann man sagen, daß diejenigen der bekannteren Firmen zu Beanstandungen keinen Anlaß bieten werden. Naturgemäß wird man immer solche Firmen bevorzugen, die nicht nur einen Apparat zu verkaufen verstehen, sondern auch die Kunden in technischer Beziehung beraten können und diese Beratung nach erfolgtem Verkauf auch fortsetzen.

Man darf nicht den Fehler machen, den Schmierapparat zu groß zu wählen, da mit der Größe der Preis sehr stark ansteigt. Es hat sich gezeigt, daß der Bedarf an Öl oder Fett bei den einzelnen Maschinen viel geringer ist, als man annimmt. Es sind Fälle durchaus nichts Seltenes, wo der Schmiermittelbedarf einer Maschine nach Einführung mechanischer Schmierung auf $1/10$ oder noch weniger zurückgeht. Es empfiehlt sich also, den Schmiermittelbedarf einer Maschine nach der bisherigen Schmierungsart überschläglich festzustellen und davon einen ganz bedeutenden Bruchteil abzuziehen. Danach kann man die Größe des Schmierapparates unter Berücksichtigung täglicher Nachfüllung bestimmen. Es können fast durchweg Niederdruckapparate verwendet werden, d. h. solche, die für Gegendrücke bis etwa 15 Atm. geliefert werden.

Die Anbringung soll nach Möglichkeit so erfolgen, daß die Füllung schnell und mühelos vor sich gehen kann und auch der Ölstand leicht kontrollierbar ist. Auch muß berücksichtigt werden, daß der Apparat bei der Bedienung der Maschine nicht im Wege ist. Muß die Aufstellung durchaus auf besonderen Gestellen freistehend erfolgen, so ist besonders darauf zu achten, daß die Zugänglichkeit der Maschine nicht erschwert und besonders die Einbringung des Arbeitsmaterials nicht behindert ist.

Die Schmierapparate sind alle so gebaut, daß der Antrieb in der verschiedenartigsten Weise von einem hin- und hergehendem Teil oder von einer umlaufenden Welle erfolgen kann. Erfolgt der Antrieb von einem umlaufenden Teil aus, so ist Riemen- oder Seilantrieb nach Möglichkeit zu vermeiden, da man keine große Riemenspannungen verwenden kann, und in diesem Falle ein Rutschen nicht zu vermeiden ist. Vorzusehen ist in solchen Fällen Kette und Kettenrad, Keilriemen nur, wenn eine leichte Nachstellbarkeit vorhanden ist.

Wie bereits erwähnt, gestatten alle guten Schmierapparate die Einstellung einer sehr verschiedenen Fördermenge an den einzelnen Schmierstellen ganz unabhängig voneinander. Es ist aber zu beachten, daß bei einzelnen Apparaten bei Einstellung auf sehr kleine Fördermenge die Sicherheit besonders bei sehr dünnflüssigen Ölen nachläßt. Man muß also die Drehzahl der Ölerwelle so wählen, daß man nicht die kleinste Fördermenge am Pumpenkolben selbst einzustellen braucht. Zweckmäßig wird man so vorgehen, daß man die Drehzahl des Ölers so niedrig wählt, daß bei größter eingestellter Fördermenge die Schmierstelle, die den größten Ölverbrauch hat, reichlich versorgt ist. Die übrigen Schmierstellen kann man dann entsprechend sparsam einregeln.

Bei der Verlegung der Leitungen sind dieselben Fehler zu vermeiden wie bei der Schmierung von Kraftmaschinen, d. h., es sollen keine unnötigen und scharf gebogenen Krümmungen vor-

Abb. 30. Schmierung von Kohlenstaub-Transporteinrichtungen durch Zentralfettpresse.
(Heliosapparate Wetzel & Schloßhauer, Berlin und Heidelberg.)

handen sein. Auch sollen die Leitungen niemals frei hängen, sondern es muß ein kräftiges Bandeisen od. dgl. vorgesehen werden, auf dem die Leitungen liegen, falls keine andere Unterlage vorhanden ist.

Für Ölschmierung hat sich eine lichte Weite der Rohre von 4—6 mm als normal durchgesetzt. Für Fettförderung sind besonders bei größeren Längen der Rohre größere Durchmesser erforderlich, um die Reibungswiderstände nicht zu stark anwachsen zu lassen. Man geht hier auf 6×9 mm und bei langen Leitungen auf Rohrdurchmesser bis zu 25 mm Lichtweite (Abb. 30).

Das Ziel der vollkommen automatischen Schmierung läßt sich aus verschiedenen Gründen nicht überall erreichen. Zunächst spielt hier der Anschaffungspreis der Maschine eine Rolle. Der

Verfasser hat festgestellt, daß die Preisgrenze für eine Maschine, für die sich eine selbsttätige Schmierung insbesondere bei nachträglichem Anbau lohnt, ungefähr bei 5000 M. liegt. Selbstverständlich können Verschiebungen nach oben und nach unten auftreten und es kann aus verschiedenen Gründen lohnend sein, auch bei billigeren Maschinen eine Zentralschmierung anzubringen. Ferner besteht oft nur die Möglichkeit, einen Teil der Schmierstellen anzuschließen, weil eine große Reihe von Schmierstellen nur einen winzig kleinen Ölbedarf hat, so daß sich ein Anschluß gar nicht lohnen würde. Bei anderen Maschinen wiederum liegen Schmierstellen an sehr beweglichen Teilen, so daß man gelenkige Verbindungen vorsehen muß, die immer sehr teuer sind und sich nur in bestimmten Fällen lohnen (Abb. 31).

Wir bringen in dem folgenden einige Beispiele von Arbeitsmaschinen mit einer kurzen Begründung und teilweise mit Kostenrechnungen.

Abb. 31. Schlauchzuführung zwischen Öler und Kurbel bei Kurbelziehpresse. (Schuler A.-G., Göppingen.)

a) **Metallbearbeitung.** An Drehbänken, Schleifmaschinen u. dgl. sind gegenwärtig meist die Getriebe und ihre Lagerung mit automatischer Druckschmierung versehen. Hierzu dienen kleine leichte Schmierapparate, welche zum Teil im Getriebe selbst untergebracht sind, teils so eingerichtet sind, daß sie beim Bau der Maschine bereits in die Gehäusewand eingelassen werden können. Bei einer Reihe anderer Maschinen finden wir getrennt angeordnete Schmierapparate, welche dann auch nachträglich eingebaut werden können. Das Beispiel eines schweren Metallwalzwerkes zeigt, welche Vorkehrungen in extrem gelagerten Fällen zur Schmierung von Arbeitsmaschinen getroffen werden müssen (Abb. 32). In diesem Fall betrugen die Einbaukosten von drei großen Schmierapparaten mit je 12 Schmierstellen bei nachträglichem Anbau durch den Maschinenbesitzer etwas über 2000 M.

b) Holzbearbeitung. An dem Beispiel eines Sägegatters (Abb. 21, S. 117) sehen wir, daß man darauf verzichtet hat, wichtige Schmierstellen, wie die Stirnkurbel und den anderen Kopf der

Abb. 32. Drei große Drucköler an kleinem Metallwalzwerk. (Bosch.)

langen Schubstange durch Zentralschmierung zu erreichen. Es liegt dies daran, daß bei sehr rascher Bewegung dieser Teile besondere Vorkehrungen hätten getroffen werden müssen, um das abgeschleuderte Öl wieder aufzufangen. Man hat sich vorläufig darauf beschränkt, sämtliche stillstehenden Schmierstellen durch einen achtstelligen Schmierapparat zu erreichen, und hat für die erwähnten beweglichen Lager die Fettschmierung beibehalten. Wie jeder Holzfachmann aber weiß, sind die Laufzeiten dieser

Stangenlager äußerst kurz und beispielsweise mit der Lebensdauer von Transmissionslagern gar nicht zu vergleichen. In einem Einzelfall stellten sich die Kosten für den Einbau dieser Schmierung wie folgt:

Ein achtstelliger Schmierapparat von 1,5—2,5 l Inhalt, einschließlich Handkurbel und Antriebsteile für hin- und hergehende Bewegung . . . . 100 M.
25 m Kupferrohr 4 × 6 mm . . . . 20 ,,
8 Rohrverbinder . . . . 12 ,,
8 Anschlußstücke . . . . 10 ,,
Rohrschellen, Schrauben u. dgl. . . . . 5 ,,
Montage einschließlich Nebenausgaben . . . . 75 ,,
222 M.

Bei dieser Preisaufstellung ist ebenso wie bei den folgenden noch dies zu bemerken: Die angeführten Kosten für den Schmierapparat sowie für Leitungsrohr und Armaturen sind Durchschnittskosten, welche je nach dem Erzeugnis wechseln werden. Beim Kupferrohr hängt der Preis auch stark von der Marktlage ab. Weiter sind noch Ersparnisse durch neuere lötlose Rohrverbindungen zu machen, welche für diesen Zweck gut ausreichen. Schließlich sind die Aufstellungen dadurch etwas ungünstig gewählt, weil alles für den Fall berechnet ist, daß ein Betriebsleiter nachträglich den Einbau der Zentralschmierung durch eine Spezialfirma vornehmen läßt. Die Preise reduzieren sich wesentlich für den Fall, daß die Zentralschmierung serienmäßig vom Maschinenhersteller eingebaut wird. Es würde sich für diesen Fall der Lohnanteil um mindestens 50%, ferner die Kosten für Schmierapparat und Rohrleitung ebenfalls um einen erheblichen Bruchteil vermindern, da der Maschinenhersteller beim Großbezug auch vom Hersteller des Schmierapparates und Zubehörteile andere Preise erhält, als ein anderer Betrieb bei Einzelbezug. Auch die Montagekosten können nur ungefähr angegeben werden. Manchmal ist an der gleichen Maschine die Montage schwieriger als sonst infolge örtlicher Verhältnisse. Auch sind die Aufenthaltskosten der Monteure je nach Lage des Ortes verschieden anzusetzen.

c) **Textilindustrie.** Das Beispiel eines Selfaktors zeigt (Abb. 33), daß es möglich ist, wenigstens den Headstock mit einer Zentralschmierung auszurüsten. Es hat sich noch kein Schmierungssystem finden lassen, um die Schmierung durch Filzstreifen bei den Spindeln mit Gleitlagern zu ersetzen. Immerhin sind durch die Zentralschmierung des Headstockes, an welchen ungefähr 12 Schmierstellen angeschlossen werden, bereits erhebliche Ersparnisse an Schmiermitteln und Bedienungszeit zu erzielen. Es waren hierzu folgende Teile und Aufwendungen notwendig:

Ein Öler mit 12 Schmierstellen und ungefähr 2 l Inhalt, Antrieb
umlaufend, einschließlich Antriebsteilen . . . . 80 M.
35 m Kupferrohr 3 × 4 mm . . . . 12 „
18 Verbindungsstücke . . . . 25 „
12 Anschlußstücke . . . . 12 „
Rohrschellen u. dgl. Schrauben usw., ... 5 „
Anbringung einschließlich Nebenausgaben . . . . 120 „
_____
254 M.

Abb. 33. Zentralschmierung am Headstock eines Selfaktors.

Sehr interessant ist auch das Beispiel einer Merzerisiermaschine, bei der sämtliche stillstehenden Lagerstellen an die Zentralschmierung angeschlossen sind. Es kommen hier ziemlich große Schmierapparate in Frage, da das zugeführte Öl gleichzeitig zur Kühlung der Lager dienen muß, welche durch Leitungswärme erhitzt werden. In diesem Falle lohnen sich also besonders hohe Ausgaben für eine Zentralschmierung. Die Unkosten stellten sich hierbei wie folgt:

Zwei Öler je 2—4 l Inhalt mit je 16 Auslässen für stärkeren Gegendruck mit Pendelantrieb und Handkurbel . . . . 550 M.
Zwei Exzenter mit Gestänge . . . . 30 „
75 m Kupferrohr 4 × 6 mm . . . . 60 „
32 Anschlußstücke mit Kugelventilen . . . . 60 „
25 Rohrverbinder . . . . 30 „
Rohrschellen, Schrauben usw. . . . . 10 „
Anbringung einschließlich Nebenausgaben . . . . 180 „
_____
920 M.

d) Papierindustrie. Wir bringen hier als besonders typisches Beispiel einen Papierkalander. Man muß bedenken, daß es sich bei Maschinen dieser Art um sehr wertvolle Objekte handelt, und daß dafür etwas höhere Aufwendungen für eine einwandfreie Schmierung zu vertreten sind. Es ist verwunderlich, daß gerade bei dieser Maschinenart die Handschmierung so viele Jahre lang

Arbeitsmaschinen. 153

beibehalten wurde. Infolge der hohen Zapfendrücke bei teilweise auch hohen Temperaturen, die durch Zufuhr von Wärme von den Walzen her und nicht nur durch die Lagerreibung selbst entstehen, ergaben sich früher äußerst geringe Lebensdauer von Zapfen und Lagern, welche aber jahrzehntelang als gegeben hingenommen wurden. Der Einbau der Zentralschmierung hat hier eine bedeutende Verbesserung gebracht. Es war sogar möglich, in diesem Falle eine Umlaufschmierung anzubringen. Der Schmierapparat drückt das Öl zu den einzelnen Lagerstellen, von wo es abläuft und sich infolge geschickter Anordnung von Fangblechen und Rinnen in einem besonderen Tank mit vorgeschaltetem Filter sammelt (Abb. 20, S. 114). Aus dem Tank wird das Öl durch eine kleine Zahnradpumpe wieder in den Schmierapparat zurückbefördert. Eine solche Einrichtung empfiehlt sich auch für Kalander für andere Zwecke, sowie für eine Reihe von Walzwerksmaschinen, wird aber dort leider noch wenig verwendet. Es wird sehr viel Geld für allerhand Versuche mit verschiedenen Ölen ausgegeben, ohne daß das Problem folgerichtig gelöst wird. Zu einer folgerichtigen Lösung gehört außerdem die Wahl richtiger Materialien für Zapfen und Schalen, und viele Baufirmen kennen anscheinend die Wege zur richtigen Lösung dieser Frage noch nicht.

Ein besonderer Streitpunkt bildet noch die Frage, ob es notwendig ist, bei besonders hohen Lagerdrücken auch besonders kräftige Öler zu verwenden, welche hohe Gegendrücke überwinden können. Selbstverständlich herrschen in Lagern mit spezifischem Druck von über 100 kg/cm^2 bis zu 300 kg/cm^2, wie sie an Kalandern und Walzwerken vorkommen, auch sehr hohe Öldrücke in der Schmierschicht. Gerade bei solchen Belastungen ist man sich über diese Drücke noch nicht im klaren. Wahrscheinlich sind sie aber noch ein Vielfaches der spezifischen Lagerdrücke. Führt man aber das Öl an der Stelle geringsten Druckes zu, so braucht der Schmierapparat eigentlich keinen hohen Gegendruck zu überwinden. An den Stellen hohen Druckes darf man nach den heutigen Ansichten sowieso kein Öl zuführen. Der Druck in der Schmierschicht entsteht durch den Schmiervorgang selbst und ist durch den Druck der Schmierpumpe nicht zu beeinflussen. Mangels abgeschlossener Versuche sind jedoch, wie erwähnt, alle Fragen noch nicht geklärt, und man kann den Standpunkt der Herstellerfirmen gutheißen, für Lagerschmierung unter hohen Drücken besonders kräftige Schmierapparate zu verwenden. Im Falle eines Kalanders mittlerer Größe stellten sich die Ausgaben ungefähr wie folgt:

Ein Öler mit 4 Auslässen von 2—4 l Inhalt für stärkeren Gegen-
drück, Antrieb umlaufend mit Nachkurbelvorrichtung . . . . 200 M.
Antriebsscheiben und Konsole. . . . . 25 „
30 m Kupferrohr 4 × 6 mm . . . . 24 „
4 Anschlußstücke . . . . 6 „
8 Verbindungsstücke . . . . 12 „
8 m $^1/_2''$-Rohr. . . . . 6 „
4 Rohrverbinder. . . . . 5 „
1 Behälter mit Filter . . . . 45 „
1 Zahnradpumpe. . . . . 15 „
Rohrschellen und Schrauben . . . . 5 „
Anbringung einschließlich Nebenausgaben . . . . 105 „

448 M.

e) Druckereimaschinen. Es wurde bereits erwähnt, daß Großdruckereimaschinen bezüglich der Zentralschmierung noch wenig bearbeitet sind und nur einige fortschrittlich eingestellte Hersteller und Benutzer solcher Maschinen sich mit der Einführung dieser Schmierungsart beschäftigen. Die Erfolge sind dabei sehr gut, und es ist bald mit einer weiteren Verbreitung zu rechnen. Vorläufig muß man sich auf die wichtigsten stillstehenden und schwer erreichbaren Lagerstellen beschränken (Abb. 34). Will man eine Zentralschmierung auf alle Lager ausdehnen, so wäre diese Lösung zu teuer, da wiederum eine große Anzahl von Schmierstellen mit sehr kleinem Schmiermittelbedarf

Abb. 34. Zentralschmierung an Hauptlagerstellen einer Schnellpresse (Bauch-Öler).

vorhanden sind. Die Kostenaufstellung für den nachträglichen Anbau einer Zentralschmierung an einer mittleren Offsetmaschine stellten sich in einem Falle wie folgt:

Ein Öler mit 24 Schmierstellen, Schwinghebelantrieb und Antriebsstangen .... 280 M.
70 m Kupferrohr 4 × 6 mm .... 56 ,,
24 Anschlußstücke .... 30 ,,
24 Verbindungsstücke .... 30 ,,
Anbringung einschließlich Nebenausgaben .... 150 ,,
                                                    546 M.

f) Heilmittelindustrie. Wir bringen hier das Beispiel einer kleinen Tablettenpresse mit angebauter Fettschmierung. Es sind bei dieser Maschine normale Drehzahlen und normale Lagerdrücke vorhanden, so daß an sich Ölschmierung ohne weiteres zulässig wäre. Die Fettschmierung erfolgte hier mit Rücksicht auf das erzeugte Produkt, bei welchem auch Spuren von Öl vermieden werden müssen, um nicht ganze Packungen ungenießbar zu machen. Gerade bei den geringen Drehzahlen und geringen Drücken ist an sich der Schmiermittelbedarf äußerst gering. Zu beachten ist hier sofort, daß bei Fettschmierung weitere Leitungen verwendet werden müssen. Sind die Schmierstellen weiter entfernt, wobei man in größeren Anlagen bis zu 30 m lange Leitungen findet, so müssen Leitungen bis zu 25 mm lichter Weite verwendet werden. Trotzdem treten durch die Rohrreibung Gegendrücke bis zu 200 Atm. besonders bei Frost auf. Der Anbau der Fettschmierung in dem erwähnten Fall einer Tablettenpresse verursachte folgende Aufwendungen:

Eine Fettpumpe oder Fettpresse mit einem Behälterinhalt von
1—2 l, 6 Auslässen und umlaufendem Antrieb .... 65 M.
Eine Antriebsscheibe .... 10 ,,
10 m Kupferrohr 6 × 8 mm .... 15 ,,
6 Anschlußstücke .... 10 ,,
15 Gewindenippel .... 22 ,,
10 Rohrverbinder .... 15 ,,
30 Rohrschellen mit Schrauben u. dgl. .... 5 ,,
Anbringung einschließlich Nebenausgaben .... 45 ,,
                                                    187 M.

J. Schmiervorrichtungen ohne zwangläufige Zentralschmierung.

Wie bereits erwähnt, kommt es nicht für alle Zwecke in Frage, einen ständig mitlaufenden Schmierapparat einzubauen. Trotzdem besteht aber die Möglichkeit, eine sparsame und zuverlässige Schmierung in allen Fällen durchzuführen. Hierfür sind gerade in neuester Zeit verschiedene Vorrichtungen auf dem Markt erschienen, welche noch zu wenig Beachtung gefunden haben. Es müßte nach Möglichkeit vermieden werden, die Schmierung von Hand durch einfache Schmierlöcher oder Dochtöler zu verwenden.

Es wurden bereits mehrfach Fettbuchsen nach dem System der sog. Conrad-Buchsen (Abb. 35 l. oben) erwähnt, welche das Fett unter Verwendung von Luftdruck ganz allmählich in die Lager drücken. Dabei kann die ausgedrückte Menge durch Bemessung des Auslasses dem Schmiermittelbedarf der betreffenden Stelle sehr genau angepaßt werden. Diese Fettbuchsen finden zweckmäßig dort Verwendung, wo sehr geringe Schmiermittelmengen

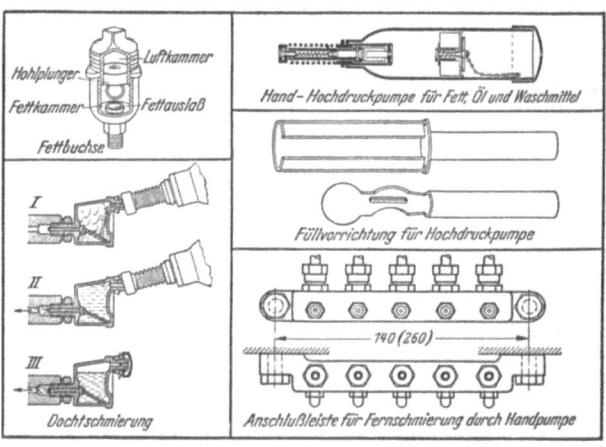

Abb. 35.

gebraucht werden. Der Verfasser hat in solchen Fällen ganz ausgezeichnete Erfahrungen mit diesen Vorrichtungen gemacht, und es hat sich gezeigt, daß der Bedarf vieler Schmierstellen mit geringen Drücken bei geringen Drehzahlen immer noch sehr stark überschätzt wird.

Von den nachfolgenden beschriebenen Schmierverfahren kann zusammenfassend gesagt werden, daß sie sich im wesentlichen nach den Erfahrungen des Kraftfahrzeugbaues entwickelt haben. Es bestand hier das Problem, die sämtlichen Schmierstellen des Fahrgestelles nach Möglichkeit von einer Stelle aus zu versorgen. Hierunter befinden sich Schmierstellen mit ziemlich hohem Schmiermittelbedarf, wie Federbolzen u. dgl. und andere Schmierstellen mit äußerst geringem Schmiermittelbedarf, wie Bremsgestänge usw. Bei allen Schmierstellen bestand außerdem noch

Schmiervorrichtungen ohne zwangläufige Zentralschmierung. 157

das Problem, eingedrungenen Staub durch das frische Schmiermittel aus den Lagern herauszudrängen. An den Stellen mit ganz besonders geringen Bewegungen haben sich inzwischen sog. Ölloslager in verschiedenen Ausführungen sehr bewährt, welche Packungen aus Graphit, Asbest und Schmiermittel als selbstschmierende Lagerbuchsen verwenden.

Es ist eigentlich erstaunlich, daß sich die Erfahrungen mit diesem im Kraftfahrzeugbau entwickelten Schmierverfahren bisher in der Maschinenschmierung so wenig haben verwerten lassen. In den Vereinigten Staaten hat sich die Industrie allerdings schon eingehend entsprechende Einrichtungen zunutze gemacht.

Es sind zunächst die Handschmierpressen zu erwähnen, welche in verschiedenen Ausführungen auf dem Markt sind. Selbst Schmierpressen einfacher Bauart können Drücke bis zu 100 Atm. erzeugen und das Schmiermittel sehr kräftig durch die Lager drücken. Die Ausstattung der zu schmierenden Lager beschränkt sich dann auf die Anbringung von entsprechenden Schmierköpfen mit Kugelrückschlagsicherungen, die je nach der Lage der Schmierstelle in verschiedenen Formen erhältlich sind, und für welche in Kürze DINormen erscheinen. Ferner gibt es Schmierpumpen besonderer Bauart (Abb. 35 r. oben), welche im Mundstück einen besonderen Pumpenkolben enthalten. Dieser wirkt beim Aufsetzen der Pumpe mit erheblichem Druck auf die Schmiermittelsäule in der Leitung zur Schmierstelle. Infolge des kleinen Querschnittes läßt sich der mit der Hand ausgeübte Druck bis zu 500 Atm. steigern. Diese Drücke reichen aus, um Schmiermittel selbst in verharzte und mit Schmutz verkrustete Lager zu drücken und diese so zu reinigen. Pumpen dieser Art können auch zum Eindrücken dünnflüssigen Öles und verschiedener Lösungs- und Waschmittel benutzt werden. Als Maß dient im allgemeinen das Einpressen einer solchen Schmiermittelmenge, das reines Fett oder Öl am Lager wieder ausdrückt. Zu diesen Pumpen sind neuerdings noch besondere Schmierköpfe entwickelt worden, die das Halten einer größeren Schmiermittelmenge im Lager unter Druck ermöglichen, die sich dann nach Absetzen der Pumpe allmählich selbsttätig hineindrückt.

In Verbindung mit den Handschmierpumpen hat sich die Dochtölung in verbesserter Form wieder eingeführt (Abb. 35 l. unten). Es sind hierzu Pumpen notwendig, welche Öl mit Sicherheit fördern. Es hat sich nun gezeigt, daß ein häufiges Ölen unter Druck bei vielen Lagern gar nicht notwendig ist, da der Schmiermittelbedarf verschwindend gering ist. Für solche Zwecke empfiehlt sich eine Verbindung der Hochdruckschmierung mit einer Dochtschmierung. Dochtschmierung allein hat den Nachteil, daß sich je nach den Eigenschaften des Öles sowie je nach der Luftfeuchtigkeit, durch Staub und andere Einflüsse, die Förderfähigkeit des Dochtes stark ändert, so daß man über die dem Lager zugehende Ölmenge nicht genau unterrichtet ist. Eine Verbindung des Dochtölers mit der Handhochdruckpumpe hebt die Nachteile zum Teil auf. Der Docht dient hier in der Hauptsache als Bremsvorrichtung, und zwar kann die durchgehende Ölmenge bei einiger Erfahrung durch die Stärke der Einpressung des Dochtes geregelt werden. Das Wesentliche an der Einrichtung besteht jedoch darin, daß der Docht bei jedesmaliger Neufüllung des Ölers mit der Pumpe durch das durchgedrückte Öl gesäubert und gewissermaßen wieder belebt wird. Die bisher auf dem Markt zu findenden Daueröler dieser Art werden bei kleinen Umdrehungszahlen bis zu einem Wellendurchmesser bis zu 40 mm empfohlen.

Eine gewisse Schwierigkeit bietet immer das Einfüllen von Fett in Pumpen und Pressen aller Art. Bei den einfacheren Pressen wird empfohlen, die Luftblasen aus dem Fett durch mehrmaliges Aufstoßen der Presse zu entfernen. Auch lautet eine Vorschrift, die Presse so lange herunterzudrücken, bis keine Luftblasen mehr mit dem Fett herauskommen. Wie die Praxis zeigt, ist dies sehr schwierig und manchmal insbesondere bei etwas starren Fetten fast unmöglich. Es empfiehlt sich deswegen bei Verwendung von Fett in Pumpen und Pressen aller Art einfache Füllvorrichtungen zu verwenden. Eine solche Vorrichtung besteht aus einer Hülse, die außerhalb des Schmierapparates leicht gefüllt werden kann. Die Hülse wird dann in die Presse eingefüllt und das Fett mittels eines entsprechenden Abstreichers in der Pumpe zurückgehalten. Wird die Pumpe dann mehrmals kräftig aufgestoßen und mehrfach betätigt, so ist nun mit größerer Sicherheit anzunehmen, daß die Luftblasen entfernt sind (Abb. 35 r. Mitte).

Bei größeren Maschinen ist es nicht immer möglich, alle Schmierstellen unmittelbar durch solche Fettpressen oder angesetzte Handölpumpen zu bedienen. Bei ganz großen Maschinen ist dies mit einem übermäßigen Zeitverlust verbunden, während an anderen Stellen der Bedienungsmann erheblichen Gefahren ausgesetzt ist. Man muß bedenken, daß entweder die Schmierung mehrmals während des Betriebes erfolgen muß, oder daß die Maschine entsprechend lange stillzusetzen ist. Bei manchen Maschinen dauert ein vollständiges Abschmieren selbst durch mehrere Bedienungsleute bis zu einem halben Tag. Für solche Fälle werden vielfach die Einpreßstellen für das Fett oder Öl an einer zugäng-

Schmiervorrichtungen ohne zwangläufige Zentralschmierung. 159

lichen Stelle auf einer besonderen Anschlußleiste (Abb. 35 r. unten) vereinigt und die Schmiermittel mittels übersichtlich verlegter Leitungen zu den Schmierstellen geführt. Die Entfernungen von dieser Leiste bis zu den eigentlichen Schmierstellen können bei größeren Maschinen mehrere Meter betragen. Es ist dann nur bei Fettschmierung wieder auf entsprechend weite Leitungen zu achten. Zweckmäßigerweise werden an solche Fernschmierungen nicht mehr als 50 Schmierstellen angeschlossen. Allerdings findet man auch Fälle, mit bis zu 140 Anschlüssen. Es können auch bewegliche Teile der Maschine durch entsprechende biegsame Metallrohre oder vielmehr Schläuche mit Metallseele erreicht werden. Es ist anzuraten, auch bei Fettschmierung und größeren Rohrdurchmessern Kupferrohr oder dünnwandiges Stahlrohr zu nehmen, um die Vorteile der lötlosen Rohrverbindungen ausnutzen zu können. Der höhere Preis für solche Rohre gegenüber Gasrohren

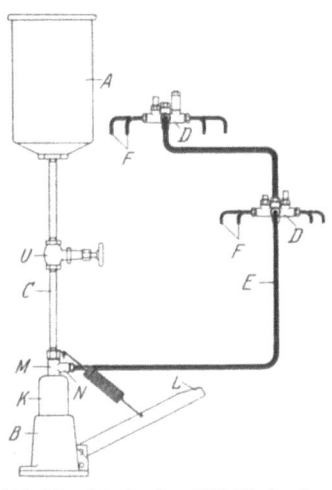

Abb. 36. Prinzip der WV.-Eindruckschmierung für Werkzeugmaschinen.
(Willy Vogel G. m. b. H., Berlin.)
A = Ölbehälter, B = Pumpe, C = Zulauf, D = Verteiler, E = Druckrohr, F = Leitung zu den Schmierstellen, K = Pumpenzylinder, L = Fußhebel, M = Ventil, N = Auslaß, U = Absperrventil.

macht sich durch Ersparnis an Verlegungsarbeit bestimmt bezahlt.

Sind sehr viele Schmierstellen zu versorgen, so ergibt sich in Sonderfällen wiederum eine sehr große Reihe von Ölleitungen und damit eine Verteuerung der Maschine. Die Verteuerung wird noch stärker, wenn bewegliche Teile mit in die Schmierung einzubeziehen sind. Man ist dann ungefähr in derselben Lage, wie bei der mechanischen Zentralschmierung durch zwangläufig angetriebene Schmierapparate.

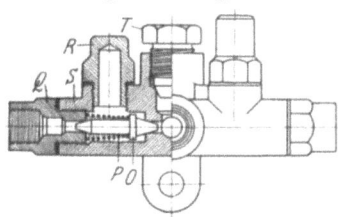

Abb. 37. Verteiler zur WV.-Eindruckschmierung.
P = Feder, O = Ventilkegel, R = Windkessel, S = Verteilerkörper, Q = Anschluß zur Schmierstelle, T = Entlüftung.

Es wurde deswegen ein Weg gesucht, um das Öl oder Fett in eine Hauptleitung zu drücken, die sich dann nach den verschiedenen Schmierstellen immer wieder verzweigt.

160 Schmiervorrichtungen ohne zwangläufige Zentralschmierung.

Hier tritt natürlich die Schwierigkeit auf, daß sich das Schmiermittel den Weg des geringsten Widerstandes sucht, so daß einige Stellen ohne Schmiermittel bleiben müssen. Eine Lösung aus dieser Schwierigkeit wurde zunächst wiederum im Kraftwagenbau gefunden und fand von hier aus zunächst in der amerikanischen Industrie Eingang.

Abb. 38. WV.-Eindruckzentralschmierung an Rundtisch-Fräsmaschine.
(Müller & Montag, Leipzig.)

Das System beruht darauf (Abb. 36—38), daß vor jede Schmierstelle ein Dosierungskopf geschaltet ist, und zwar sind diese Köpfe in der Nähe der Schmierstellen zu sog. Verteilern vereinigt. Der Dosierungskopf wirkt so, daß beim Druckhub der Pumpe zunächst das Ventil auf seinen Sitz gedrückt und das Schmiermittel in einen kleinen Windkessel geleitet wird. Nach Aufhören des Druckes in der Hauptleitung öffnet sich das Ventil, und das Öl wird jetzt unter den Luftdruck des kleinen Windkessels allmählich an die Schmierstelle gedrückt. Durch Bemessung der Ventilstifte läßt sich beim Bau der Maschine die erforderliche Schmiermittelmenge für jede Schmierstelle sehr genau einstellen. Von der Konstruktion der Pumpe ist hervorzuheben, daß der Kolben ein Verdrängungskolben ist und praktisch keine Abnutzung erleidet. Der Öltank wird zweckmäßig höher gelegt als der höchste Auslaß an den Verteilerstellen, damit im Falle einer kleinen Leckstelle im Schmiersystem keine Luft in die Rohrleitungen gelangen kann. Als Schmiermittel werden für Anlagen dieser Art zweckmäßigerweise keine leichtflüssigen reinen Mineralöle, sondern schwerflüssigere Öle oder sehr schmierfähige gefettete Öle verwendet, welche sich länger in den Lagern und an den anderen Schmierstellen halten.

K. Sonderschmierapparate für leichte Arbeits- und Werkzeugmaschinen.

In der letzten Zeit hat sich die Ölerindustrie sehr eingehend mit dem Gebiete der Arbeitsmaschinenschmierung beschäftigt und es sind eine Reihe von preiswerten Ölern herausgebracht

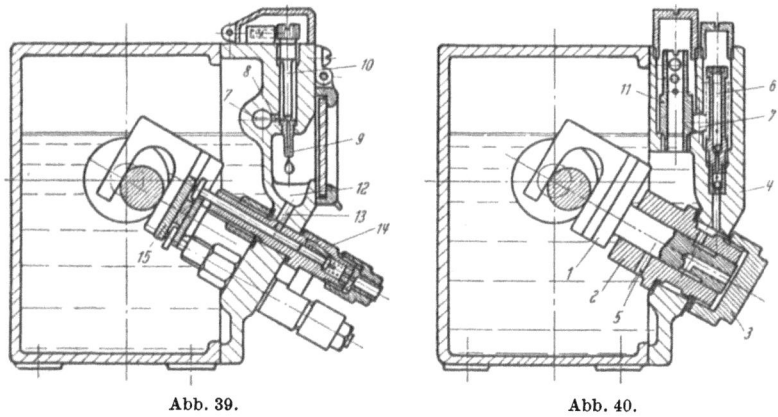

Abb. 39. Abb. 40.
Abb. 39 und 40. Michalk-Preßöler in Sonderausführung für leichtbelastete Lager.
(W. Michalk & Sohn, Freital b. Dresden.)
1 Gabelkolben, 2 Führungen, 3 Mutter, 4 Vorderteil, 5 Bohrung, 6 Steigrohr, 7 Kanal, 8 Bohrungen zur Tropfdüse, 9 Tropfdüse, 10 Stellschraube, 11 Standrohr, 12 Tropfnapf, 13 Bohrung, 14 Pumpenelement, 15 Antriebsbrücke.

worden, deren Anbau sich auch an billigeren Maschinen lohnt. Der Michalk-Preßöler (Abb. 39 und 40) z. B. ist in der dargestellten

Ausführung von 1—50 Ölabgabestellen lieferbar. Dabei hat jede Ölabgabestelle einen Kontrolltropfen, welcher selbst an die Schmierstelle gefördert wird. An jedem Ende des Ölers befindet sich ein Gabelkolben 1, welcher gleichzeitig als Ölzubringer für sämtliche Druckkolben dient. Zu diesem Zwecke sind die Führungen 2 als Kolbenelement ausgebildet und mittels Mutter 3 am Ölvorderteil 4 angeschraubt. Das durch Bohrung 5 aus dem Ölbehälter angesaugte Öl wird durch das Steigrohr 6 gepumpt und tritt dem Kanal 7 zu. Die Bohrungen 8 stellen die Verbindungen mit der Tropfdüse 9 her. Diese Düsen, an jeder Ölabgabestelle eine, lassen sich je nach Bedarf durch die Stellschrauben 10 ein- oder abstellen. Durch das Standrohr 11 ist eine Einrichtung getroffen, daß eine Zähigkeitsänderung des Öles durch Temperaturschwankungen keinen Einfluß auf die Fördermenge ausübt.

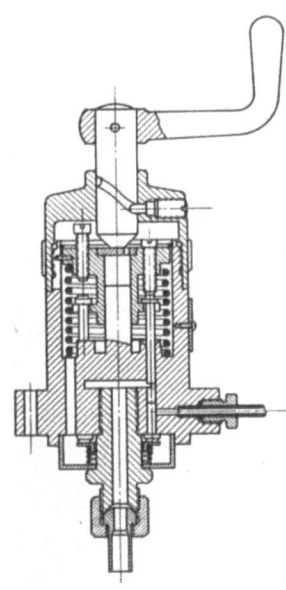

Abb. 41. Handzentralöler für zahlreiche leicht belastete Schmierstellen. (Bosch.)

Das aus den Düsen 9 tretende Öl tropft den Näpfen 12 zu, durch welche es den Bohrungen 13 und den einzelnen Pumpenelementen 14 zuläuft. Es sind so viel Pumpenelemente vorhanden, wie Schmierstellen zu versorgen sind, und der Antrieb der Pumpenkolben geschieht durch eine Brücke 15 gemeinsam völlig zwangläufig. Wie erwähnt, kann der Ölbehälter fortfallen, und der ganze Apparat kann ohne weiteres in fertige Ölbehälter an den zu schmierenden Maschinen eingebaut werden.

Der Handzentralöler von Bosch (Abb. 41) geht von dem Gedanken aus, daß bei zwangläufigem Antrieb von der Arbeitsmaschine leicht ein zu reichlicher Verbrauch sich ergeben könnte. Er wird daher von der zu schmierenden Maschine nicht angetrieben, sondern nur nach Bedarf von der Hand gedreht. Die Wirkungsweise ist ähnlich wie bei den anderen Apparaten desselben Herstellers, und zwar erfolgt der Antrieb der senkrechten Arbeitskolben zwangläufig durch Hubräder, wobei jeder einzelne Pumpenkolben für sich auf eine gewünschte Fördermenge eingestellt werden kann. Der Apparat nach Abb. 41 kann bis zu 6 Schmierstellen versorgen.

Sonderschmierapparate für leichte Arbeits- und Werkzeugmaschinen. 163

Einen sehr einfachen Aufbau zeigt auch der Bauch-Öler (Abb. 42), welcher in der dargestellten Ausführung zum Einbau in Arbeitsmaschinen geliefert wird. Der Konstruktion ist das Einkolbensystem zugrunde gelegt, und es können bis zu 12 Schmierstellen von einem Stufenkolben aus versorgt werden. Man kommt so mit einer äußerst geringen Zahl von bewegten Teilen aus. Die Steuerung auf die einzelnen Ölauslässe geschieht dadurch, daß

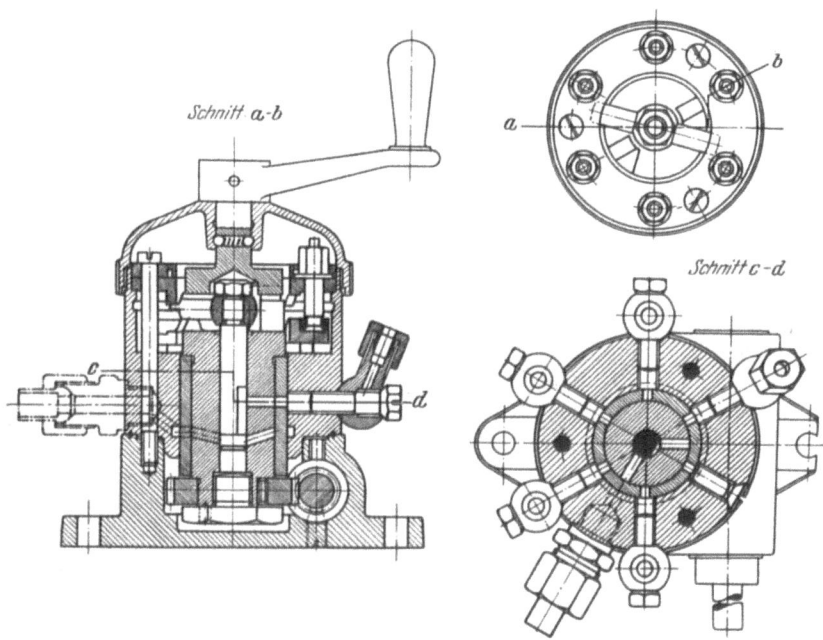

Abb. 42. Bauch-Öler zum Anbau an vorhandene Arbeitsmaschinen.
(Roßweiner Metallwarenfabrik Karl Bauch, Roßwein i. Sa.)

der Arbeitszylinder als Steuerschieber mit umläuft und die verschiedenen Kanäle in der äußeren Hülse öffnet und schließt. Die Pumpbewegung des Kolbens erfolgt dadurch, daß ein Knebel am anderen Ende des Kolbens über eine Folge von untenliegenden Saugnocken und obenliegenden Drucknocken geführt wird. Die Saugnocken sind dabei zwecks Veränderung der Fördermenge verstellbar. Versuche haben ergeben, daß die Steuerung sich äußerst genau ausführen läßt, und daß bis zu sehr kleinen Hüben — also sehr kleinen Fördermengen — eine große Fördersicherheit vorhanden ist.

11*

Mit dem Ivo-Öler lassen sich bis zu 24 Schmierstellen versorgen (Abb. 43). Dabei ist für jede Schmierstelle wieder ein Pumpenelement vorhanden, und jedes Pumpenelement wird für sich von einer zentral gelegenen Welle über ein Hubrad angetrieben. Die Steuerung erfolgt dadurch, daß in jedem Pumpenelement ein Steuerkolben vorgesehen ist, welcher lediglich eine Drehbewegung ausführt. Antrieb und Steuerung erfolgt auch hier völlig zwangläufig.

Auch der Grützner-Öler (Abb. 44) eignet sich zum Anbau oder Einbau in Werkzeugmaschinen od. dgl., wenn auch die Ausführungen mit vielen Schmierstellen nur für sehr wertvolle Maschinen in Frage kommen. Der Apparat hat für jede Schmierstelle

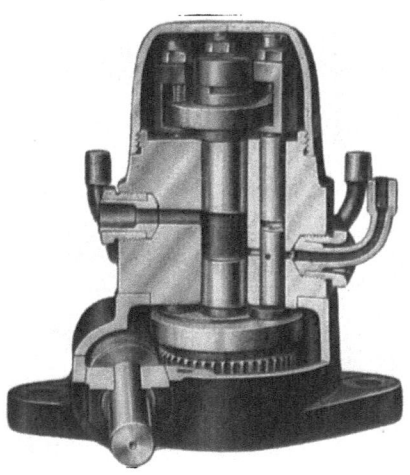

Abb. 43. Ivo-Öler für geringere Gegendrücke.
(Joseph Vögele & Co., Mannheim.)

Abb. 44. Grützner-Zentralöler für höhere Gegendrücke.
(Maschinenfabrik Grützner, Halle a. S.)

ein waagerechtes Pumpenelement, bestehend aus einem obenliegenden Zuteilungskolben und einem untenliegenden Arbeitskolben.

Beide Kolben haben einen festliegenden Hub, sind also nicht verstellbar. Die Verstellung der Fördermenge geschieht durch Veränderung der Lage eines Gegenkolben, welcher in derselben Bohrung wie der Zuteilungskolben arbeitet. Der Zuteilungskolben fördert zu einer Tropfstelle, von wo der Arbeitskolben das Öl absaugt. Wesentlich ist, daß die Verstellung so fein vorgenommen werden kann, daß pro 20 Umdrehungen ein Tropfen mit Sicherheit gefördert wird, entsprechend ungefähr 2 mg Öl pro Förderhub.

L. Ölrückgewinnung, Aufarbeitung, Wiederverwendung.

Wie bereits erwähnt, wird von vielen sonst fachkundigen Seiten angenommen, daß jedes Öl bereits bei einmaliger Benutzung gegebenenfalls einen Abnutzungsprozeß durchmacht, und daß danach sein Schmierwert vermindert sei. Über die Art dieses Vorganges macht man sich im allgemeinen nur eine sehr unklare Vorstellung. Hierdurch entsteht in vielen Betrieben ein überhoher Ölverbrauch, der vielfach in erstaunlicher Weise nur durch richtige Ölbewirtschaftung vermindert werden kann. Der Verfasser hat Betriebe ganz gleicher Art und gleicher Erzeugungsmenge beobachtet, deren Schmiermittelverbrauch sich wie 1:10 verhielten, und wobei die Unterschiede nur durch verschiedenartige Ölbewirtschaftung zu erklären waren.

1. Dampfmaschinenzylinderöl.

Vom Dampfmaschinenzylinderöl (s. S. 32) wird angenommen, daß es irgendeine Verbrennung im Zylinder erleidet. Dies ist jedoch nicht der Fall. Es gibt Zylinderöle, welche einen großen Anteil verhältnismäßig leicht verdampfbarer Anteile enthalten, und dieser Anteil verschwindet, so daß das Öl nach dem Gebrauch etwas nachgedunkelt und dickflüssiger erscheint. Ist die Wärmebeanspruchung jedoch nicht ganz besonders hoch, so verändert sich ein zweckmäßig gewähltes Zylinderöl vielfach gar nicht. In anderen Fällen erscheint das Zylinderöl zum großen Teil oder ganz in emulgierter Form, d. h. mit starker Wasseraufnahme wieder. Im einzelnen sind die Gründe für mehr oder minder starke Emulsionsbildung nicht geklärt, und die einzelnen Fälle müssen genau untersucht werden. Öle, die stark oder in ungeeigneter Weise gefettet sind, neigen stärker zur Emulsionsbildung, jedoch findet man durch Betriebseinflüsse auch oft sehr starke Emulsionsbildung bei reinen Mineralölen. Die Emulsionsbildung kann so stark werden, daß eine Aufarbeitung des Öles in der Tat nicht lohnt. In sehr vielen Betrieben findet man Abdampfentöler eingebaut, jedoch ist die Rückgewinnung vielfach sehr schlecht. Es wird dann die Sache meist so gehandhabt, daß noch ein Versuch mit einem Entöler eines anderen Systems vorgenommen wird, worauf die ganze Angelegenheit einschläft. Der Grund für die Fehlschläge ist fast immer darin zu suchen, daß die Entöler zu klein sind. Alle Entöler, welche im Handel sind, beruhen auf dem gleichen System, daß nämlich dem Dampf, ohne ihn wesentlich zu drosseln, starke Richtungsänderungen erteilt werden, so daß Öl und damit zugleich Wasser sich absondern. Dabei muß natürlich das Öl Gelegenheit haben, sich außerhalb des Dampfstromes zu sammeln. Geringwertigere Abdampfentöler haben eine zu starke Drosselwirkung und schlechte Sammelmöglichkeit für das Öl. Wie erwähnt, sind aber eine große Anzahl nahezu gleichwertiger Entölersysteme auf dem Markt. Bei dem großen Wettbewerb versucht nun jede Entölerfirma so billig wie möglich zu sein. Die Billigkeit kann aber nur dadurch erzielt werden, daß man eine zu geringe Größe wählt. Entöler gleicher Größe und gleicher Leistungsfähigkeit können sich in ihren Preisen nicht sehr stark voneinander unterscheiden.

An den Entöler schließt sich insbesondere bei Kondensatorbetrieb eine Abzapfvorrichtung für das Öl und Kondenswasser, die meist automatisch eingerichtet ist. Nach dem Abzapfen erfolgt die Aufarbeitung des Zylinderöles. In vielen Fällen genügt eine einfache Klärung in besonderen Behältern mit mehreren Zwischenwänden, worauf das Öl allein oder in Beimischung zum frischen Öl wieder verwendet werden kann. In günstigen Fällen ist es möglich, über 60% des Zylinderöles in gebrauchsfähigem Zustande wiederzugewinnen. Ein verbreiteter Irrtum besteht darin, daß das Rücköl nicht mehr zur Heißdampfzylinderschmierung verwendbar ist. Es kann eher das Gegenteil der Fall sein, daß nämlich das Rücköl als Heißdampföl geeigneter ist, als das frische Öl. Beachtenswert ist, ob durch den Rückgewinnungsprozeß die fetten Anteile aus dem Öl ausgefallen sind, da für viele Zwecke gefettete Zylinderöle doch erforderlich sind. In vielen Fällen wird das Öl andererseits zum Teil emulgiert sein, und es kann in diesen Fällen nach kräftiger Erwärmung am besten durch Schleudern aufgearbeitet werden. Auch Metallteilchen, welche man unter dem Mikroskop gegebenenfalls unter Zuhilfenahme eines Magneten leicht erkennen kann, werden durch Schleudern nach Erwärmung auf ca. 100^{0} C entfernt.

Es sei bei dieser Gelegenheit erwähnt, daß der Entölung des Kondenswassers, welches ja den durch die Entölung des Dampfes nicht erfaßten Ölanteil enthält, vielfach nicht die erforderliche Aufmerksamkeit geschenkt wird. In vielen Betrieben, wie Tuchfabriken, Färbereien, Brauereien und Papierfabriken benutzt man aus Furcht vor dem Ölgehalt, welcher die Produkte (Papier, Gewebe, Eis usw.) im Aussehen oder Geschmack beeinträchtigt, das Kondenswasser nicht, sondern bereitet sich besonders entlüftetes oder kondensiertes Wasser. Dabei ist die Entölung des Kondensates zu praktisch 100% verhältnismäßig leicht durchzuführen. Es gehören hierzu reichlich bemessene Koksfilter, welche am besten paarweise parallel geschaltet werden, so daß beim Reinigen des einen der andere allein benutzt wird. Ganz vorzüglich ausgebildet sind solche Entölungseinrichtungen an Bord von Seeschiffen, da hier das Kondensat im vollen Umfange als Speisewasser wieder verwendet wird. Besonders Flammrohrkessel sind ja sehr empfindlich gegen ölhaltiges Speisewasser, und es sei daran erinnert, daß Ölschlamm eine bedeutend geringere Wärmeleitfähigkeit und größere spezifische Wärme hat als Eisen, so daß an den verkrusteten Stellen Materialüberhitzung und Gefahr von Ausbeulungen auftritt.

2. Triebwerksöl.

Über die Handhabung der Triebwerkschmierung wurde bereits gesprochen, es sei nur nochmals betont, daß irgendeine Abnutzung oder Veränderung des Öles bei zweimaligem Durchlauf nicht eintritt. Es lohnt sich also unter allen Umständen, das Öl an der Dampfmaschine selbst gegebenenfalls nach einfacher Filterung immer wieder zu verwenden, falls man nicht vorzieht, eine Umlaufschmierung einzubauen. Letzteres ist immer die endgültige Lösung.

3. Verbrennungsmotoren.

Bei solchen Ausführungen, welche eine getrennte Zylinderschmierung haben, ist eine Rückgewinnung des Zylinderöles nur zu einem kleinen Teil möglich. Es handelt sich in diesem Falle nur um das Öl, welches bei Tauchkolben herabläuft. In keinem Falle ist aber das Zylinderöl getrennt aufzufangen. Es vermischt sich immer mit dem Lagerschmieröl und ruft auch bei diesem eine Schwärzung und Verdickung hervor. Dazu kommt noch ein Anteil des Kühlwassers, welcher immer in das Öl gelangt. Bei kleineren Anlagen erfolgt die Aufarbeitung des Öles am besten so daß recht große Ölmengen in den Umlauf gebracht werden, so daß das Öl in den Tanks Zeit hat, die Unreinlichkeiten abzusetzen. Bei größeren Anlagen würden aber die notwendigen Ölmengen zu groß werden, und es empfiehlt sich deswegen, das Öl im Hauptstrom durch parallel geschaltete Filter zu schicken oder im Nebenstrom durch Dampf, Schleudern od. dgl. zu reinigen. Sind die Filter parallel geschaltet, und im Hauptstrom gelegen, so müssen sie für wechselweise Benutzung eingerichtet sein. Man kann auf diese Weise den Ölverbrauch bei Verbrennungsmotoren auf 0,8 g je PS/Std. Gesamtverbrauch an zugesetztem Zylinder- und Triebwerksöl herunterbringen. Besonders ist wieder auf Großanlagen im Seeschiffsbetriebe die Ölbewirtschaftung in ausgezeichneter Weise durchgeführt. Man ist hier schon dadurch zu einer guten Ölbewirtschaftung gezwungen, weil große Anlagen im Dauerbetriebe in Frage kommen, während im ortsfesten Betrieb größere Dieselmotoren heute nur stundenweise zur Aufnahme von Belastungsspitzen im Betriebe sind. Ferner muß man im Seeschiffsbetriebe immer damit rechnen, sehr lange Zeit mit einer Ölfüllung auskommen zu müssen. Schließlich dient auf Seeschiffen zur Kühlung Seewasser, und es ist bei Seewasser immer mit einer stärkeren Emulsionsbildung zu rechnen als bei Süßwasser.

4. Verdichter.

Bei einer großen Reihe von Verdichtern muß die geförderte Luft oder ein anderes Gas sehr sorgfältig entölt werden, da man auch Spuren von Öl vielfach im geförderten Medium nicht dulden kann. Dies trifft ganz besonders bei der Gewinnung von flüssigem Sauerstoff sowie verdichteter Luft für viele andere Zwecke zu. Wird die Entölung hier richtig durchgeführt, so kann man das Öl oft in völlig unverändertem Zustand wieder zurückgewinnen. Dabei ist natürlich eine sehr geschickte Ölauswahl vorausgesetzt. In diesem Fall ist das Öl nach einfachster Reinigung in Klärgefäßen wieder wie frisches Öl voll verwendbar. Der Verfasser hat Versuche in einer sehr großen gut geleiteten Anlage gemacht, wobei der Ölverbrauch ohne jeden Umbau der Verdichter selbst nur durch geschickte Ölauswahl, Verteilung und Rückgewinnung auf weniger als $1/_{10}$ vermindert werden konnte. Es wird natürlich immer Fälle geben, wo infolge besonderer Kompressionsverhältnisse und Feuchtigkeit das gebrauchte Öl in stark emulgierter Form auftritt. Hier muß eine Untersuchung im Einzelfalle lehren, ob eine Aufarbeitung lohnt. In vielen Fällen werden sich jedoch die Schwierigkeiten wiederum durch richtige Ölauswahl und schmiertechnische Maßnahmen beheben lassen. Eine Ausnahme werden solche Fälle bilden, wo nicht Luft, sondern andere Gase gefördert werden, und es wird hier vorkommen, daß das Öl durch den Angriff solcher Gase bei gleichzeitigem Wasserzutritt so angegriffen wird, daß eine Aufarbeitung nicht lohnt. Es sind ja auch Fälle bekannt, wo zweckmäßigerweise überhaupt kein Öl zur Schmierung verwendet werden kann. In einer großen Reihe von Fällen hat man wiederum Interesse an einem gewissen Ölgehalt der Preßluft. Es sind dies Betriebe, wo die Preßluft lediglich zum Antrieb von Motoren aller Art dient. Hier wird man vielfach keine Entölung einbauen, sondern das Verdichteröl mittelbar zur Schmierung der Preßluftmotoren verwenden. Hierbei ist aber darauf zu achten, ob die Luft zunächst in Windkesseln gespeichert wird, da dann sich von selbst ein großer Teil des Öles wieder abscheidet. Selbstverständlich ist in diesem Falle bei der Auswahl des Verdichteröles auch auf die Betriebsverhältnisse der Preßluftmotoren Rücksicht zu nehmen, da hier vielfach sehr tiefe Temperaturen auftreten und die Motoren bei ungeeignetem Öl einfach einfrieren.

5. Transformatoren- und Schalteröle.

Transformatorenöle werden nur durch den Aufenthalt in höherer Temperatur beansprucht. Von manchen Seiten wird auch eine Alterung der Öle durch elektrische Einwirkungen angenommen, jedoch ist diese nicht bewiesen. Durch die jahrelange Anwesenheit der Öle bei Temperaturen bis zu 70° bzw. beim Wechsel von höherer zu tieferer Temperatur, wenn Ölumlauf vorhanden ist, tritt eine Alterung ein. Diese Alterung geht vielfach schneller vor sich als bei Ölen, die während einer gleichen Anzahl von Stunden zur Schmierung verwendet werden. Andererseits bleiben die Öle hier sehr lange gebrauchsfähig, solange sie trocken sind. Es sind Bestrebungen im Gange, um das Anwachsen der Verseifungszahl als Maß für die Alterung einzuführen. Nach den Richtlinien des Verbandes Deutscher Elektrotechniker ist jedoch die Zunahme der Verteerungszahl immer noch maßgebend für den Grad der Alterung. Äußerlich zeigt sich ein Transformatorenöl, welches lange im Betrieb gewesen ist, durch seine dunkle Farbe an. Man kann aber ohne weiteres sagen, daß jedes Transformatorenöl, auch wenn es viele Jahre im Betrieb gewesen ist, mit geringen Verlusten wieder voll gebrauchsfähig gemacht werden kann. Auch das bei Transformatorenbränden anscheinend unbrauchbar gewordene Öl ist keineswegs als solches zu bezeichnen, sondern wird mit erstaunlich gutem Wirkungsgrad bei geeigneten Vorkehrungen wieder dem neuen Öl gleichwertig.

Sinngemäß gilt das gleiche für Schalteröle. Diese zeigen allerdings noch eine weit höhere Lebensdauer, da sie überhaupt keine Wärmebeanspruchung erleiden. Nur bei sehr häufigen Schaltvorgängen tritt eine gewisse Anreicherung mit Verbrennungsprodukten auf. Bezüglich der Schalterbrände gilt das gleiche wie bezüglich der Transformatorenbrände, daß nämlich auch Schalteröle nach Bränden leicht aufzuarbeiten sind. Unlohnend ist eine Aufarbeitung lediglich bei solchen Transformatoren- und Schalterölen, die noch aus der Kriegszeit stammen und bei denen der Verdacht auf starken Gehalt an Teer- oder Harzölen u. dgl. besteht. Dies ist durch eine jedesmalige Untersuchung aber leicht festzustellen.

6. Kraftfahrzeugmotoren.

Die stärksten Veränderungen erleidet das Öl in den Verbrennungsmotoren moderner Kraftfahrzeuge. Wie jedoch an anderer Stelle bereits ausgeführt, hängen selbst diese starken Veränderungen nicht mit einer inneren Abnutzung des Öles zusammen. Es ist mehrfach nachgewiesen, daß man auch aus den unbrauchbarsten Gemisch von Autoöl, Wasser, Ruß und Brennstoffen verschiedener Art erhebliche Mengen reinen Öles zurückgewinnen kann. Auch hier wird von vielen Seiten angenommen, daß regenerierte Öle insbesondere bezüglich der Beständigkeit frischen Ölen überlegen sind. Für manche Autoöle geringerer Qualität trifft dies in der Tat zu, und es steht auf jeden Fall fest, daß die regenerierten Öle von einem wachsenden Kundenkreis gern gekauft werden. Es haben sich einige Firmen dem Sondergebiet zugewandt, Automobilablauföle zu regenerieren und machen damit ein gutes Geschäft. Über die Einzelheiten des Verfahrens wird noch gesprochen werden. Die Regeneration für Autoöle dürfte für viele Garagenbetriebe sowie größere Fuhrbetriebe von Nutzen werden, allerdings müssen bezüglich der Aufbewahrung und Sammlung des Altöles zunächst einige Erfahrungen gesammelt werden.

7. Andere Kraftmaschinen, Arbeitsmaschinen und Transmissionen.

Großes Interesse hat eine zweckmäßige Ölbewirtschaftung bei größeren Dampfturbinen, und es wurde in dem betreffendem Absatz bereits auf die Hauptpunkte hingewiesen. Es wird hier allerdings der Fall eintreten, daß nach etwa 6 Jahren das Öl so gealtert ist, daß die Alterung auch nach Aufarbeitung immer wieder rasche Fortschritte machen wird. Bei anderen Kraftmaschinen tritt eine Abnutzung des Öles, wie z. B. bei Wasserturbinen, kaum ein, und es wird sich hier vielfach nur darum handeln, eingedrungene Wassermengen zu entfernen. Das Wasser wird in manchen Fällen durch einfaches Abstehen zu entfernen sein, in anderen Fällen wird ein Erhitzen mit nachfolgender Schleuderung notwendig sein. Eine vollkommene Trocknung des Öles ist nur für Sonderfälle erforderlich, worauf später noch eingegangen wird. In allen anderen Fällen — also bei Transmissionen und Arbeitsmaschinen aller Art — handelt es sich außer Wasser in gebrauchtem Öl um die verschiedenartigsten Fremdkörper, welche meist in Form von Fasern oder Staub in die Öle gelangen. Von den Fasern ist überhaupt keine Einwirkung auf das Öl zu erwarten, und die Entfernung geschieht durch Filtern oder Schleudern. Auch für die Staubarten gilt meistenteils, daß ihre Einwirkung auf die Eigenschaften des Öles verschwindend ist. Dies gilt vor allen vom Staub in der Metallbearbeitung, Gesteinsbearbeitung usw. Einige Staubarten haben allerdings einen schädigenden Einfluß und beschleunigen ein Altern des Öles. Hierzu gehört vor allem Karbidstaub, sowie Seifenstaub in Seifenpulverfabriken. Ferner gibt es noch eine große Reihe angriffslustiger Staubarten, und man wird von Fall zu Fall entscheiden müssen, ob hier eine Reinigung des Öles lohnend ist. Ein Sonderfall ist auch der Kohlenstaub und Ruß, welcher eine besondere Behandlung verlangt, auf die auch später noch eingegangen wird.

8. Verschiedene Verfahren der Ölregenerierung.

Um einen Einblick in die Verhältnisse zu gewinnen, beschreiben wir zunächst eine Anlage, mit der es möglich ist, tatsächlich aus jedem alten Öl die denkbar größte Menge voll verwendbaren Rücköles wiederzugewinnen (Abb. 45). Eine Ausnahme bilden lediglich solche Öle, die seit ihrer Herstellung etwa 10 Jahre im Betriebe waren, sowie Harzöle und Teeröle bestimmter Art und hohen Alters, wie sie sich noch zum Teil in Transformatoren vorfinden. Die Öle gelangen bei dieser Anlage, die von Dr. Typke und Dr. von der Heyden entwickelt wurde und bei den größten Werken lange Jahre praktisch erprobt ist, zunächst in einem Aufbewahrungstank. Aus diesem kommen sie in eine Schleuder, wo die größten Unreinigkeiten entfernt werden.

Die nächste Stufe ist der Laugenagitateur, wo die Vorlaugung erfolgt. Hier werden hauptsächlich saure Bestandteile des Öles neutralisiert. Daran schließt sich der Schwefelsäureagitateur, wo die

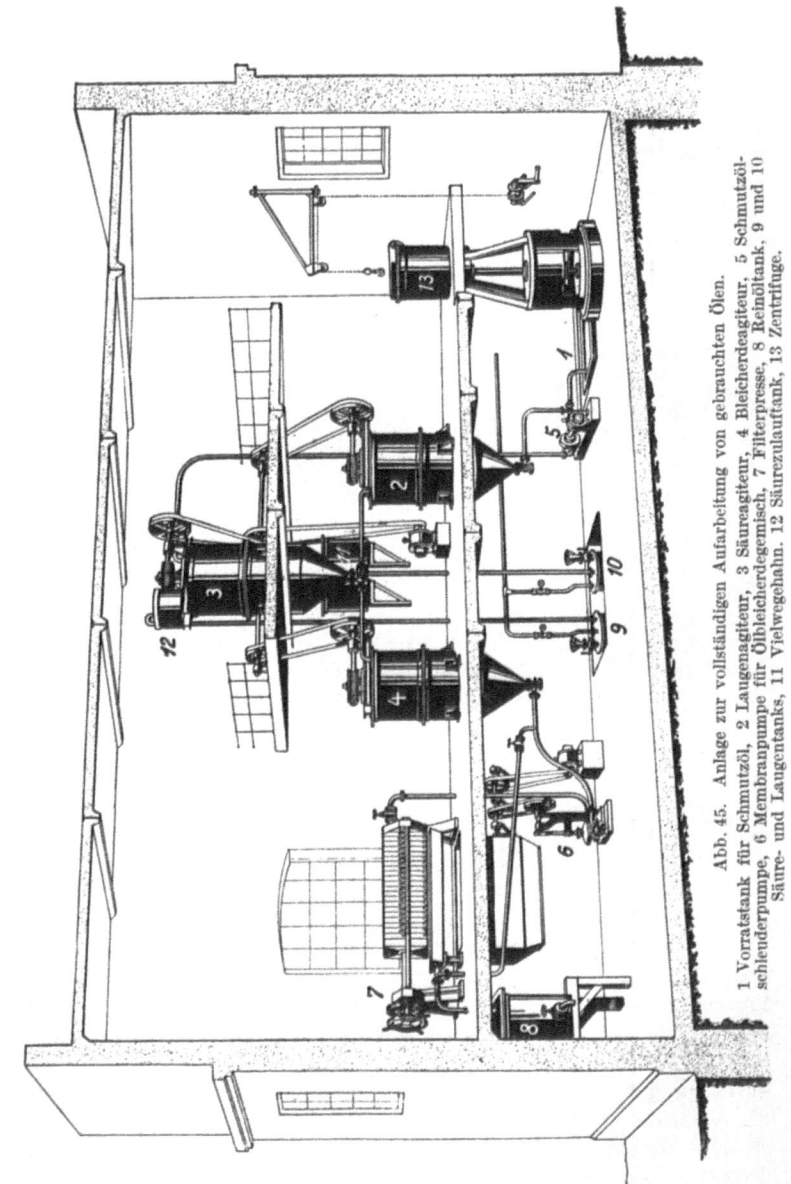

Abb. 45. Anlage zur vollständigen Aufarbeitung von gebrauchten Ölen.
1 Vorratstank für Schmutzöl, 2 Laugenagiteur, 3 Säureagiteur, 4 Bleicherdeagiteur, 5 Schmutzölschleuderpumpe, 6 Membranpumpe für Ölbleicherdegemisch, 7 Filterpresse, 8 Reinöltank, 9 und 10 Säure- und Laugentanks, 11 Vielwegehahn, 12 Säurezulauftank, 13 Zentrifuge.

Lauge neutralisiert und gleichzeitig gröbere harzige und teerige Bestandteile ausraffiniert werden. Ferner erfolgt durch die Säure ein Zusammenballen und Ausflocken des kolloiden Kohlenstoffes, indem sich die äußerst winzigen Rußteilchen zu größeren Teilen zusammensetzen. Das Verfahren kann so geleitet werden, daß das Öl den Schwefelsäureagiteur vollkommen neutral verläßt, und ein Waschen nicht erforderlich ist.

Nach dieser Behandlung gelangen die Öle in einen Bleicherde- (Fullererde-) Agiteur. Hier werden die letzten Alterungsstoffe entfernt, und die Öle erhalten vor allen Dingen ihr klares blankes Aussehen wieder. Zum Schluß erfolgt das Ausfiltrieren der Bleicherdebestandteile, und die Öle gelangen dann in den Reinöltank. Enthalten die gebrauchten Öle noch Benzin, Petroleum oder andere Kraftstoffanteile, so muß nach der Schleuderung eine Destillation erfolgen, um die leichtsiedenden Bestandteile abzudampfen. Naturgemäß ist zur Leitung oder mindestens zur Einrichtung des Verfahrens und zur Kontrolle bei einer solchen Anlage die Mitwirkung eines Mineralölfachmannes erforderlich, und eine Anlage dieser Art wird sich nur für große Durchsatzmengen lohnen.

Man hat lange nach einem Verfahren gesucht, um sich die Vorteile der Ölreinigung durch Bleicherde für kleinere Betriebe zunutze zu machen. Für diese Zwecke ist die Behandlung im Agiteur mit nachfolgender Filterung zu umständlich. Nach den Patenten von Bensmann wurden die Floridinfilteranlagen geschaffen (Abb. 46), deren Hauptvorzug darin besteht, daß die Bleicherde in grobkörniger Form verwendet wird, so daß man sie direkt als Filter verwenden kann. Neben der Filterung entsteht aber in der Bleicherde auf die zum Teil gelösten Alterungsstoffe eine Adsorptionswirkung, und zwar ist die Wirkung der Erde selektiv. Führt man das schmutzige Öl von oben zu, so schreitet auch die Erschöpfung der Bleicherde von oben nach unten fort, was den Vorteil hat, daß stets die am meisten verbrauchten Anteile der Erde mit dem am meisten verunreinigten Öl in Wechselwirkung treten, wodurch die Erde allmählich bis zur völligen Erschöpfung ausgenutzt wird. Dasselbe gilt für die Reinigung von Ölen, die einer Vorbehandlung mit Schwefelsäure unterworfen wurden, und durch die Bleicherde neutralisiert werden müssen.

Es ist nämlich durch keine Reinigungsmethode und auch durch den Floridinfilter nicht möglich, oder nur bei sehr rascher Erschöpfung der Erde, solche Öle zu filtrieren, welche größere Mengen von Ruß oder Kohlenstaub in kolloider Form enthalten. Es sind dies die bereits mehrfach erwähnten Ablauföle von Verbrennungsmotoren aller Art. Hier muß eine, wenn auch milde Behandlung mit Schwefelsäure in einem vorgeschalteten Agiteur erfolgen. Die Schwefelsäure wirkt hier so, daß sich die Kohlenstoffpartikelchen zu größeren Teilchen zusammenballen oder koagulieren und ausflocken. Diese gröberen Flocken werden dann schon im Agiteur zu Boden sinken bzw. in den ersten Filterschichten zurückgehalten. Zwecks Verarbeitung von Kraftwagenölen werden die Floridinfilter bereits fertig kombiniert mit kleinen Destillationsanlagen geliefert. Ferner finden wir Anlagen, die

Abb. 46. Benzmann-Floridinfilter mit vorgeschaltetem Agiteur.

mit einer Trocknung kombiniert sind, um Transformatoren- und Turbinenöle völlig gebrauchsfertig zu erhalten.

Der einzige Einwand der gegen das Floridinverfahren zu machen ist, ist der, daß die Arbeit einige Liebe erfordert und auch ziemlich viel Zeit, wenn auch die Bedienungskosten unerheblich sind.

Bei der Trocknung von Ölen ist übrigens große Vorsicht am Platze, und es muß diese durch zuverlässiges Bedienungspersonal erfolgen. Bei der geringsten Überhitzung des Öles, welche sich je nach der Ölsorte bereits bei niedrigen Temperaturen ergeben kann, wird mehr Schaden als Nutzen gestiftet. Eine Überhitzung ist auch bei einer Destillation von Kraftwagenölen mit großer Vorsicht zu vermeiden.

Wie man aus den bisherigen Ausführungen entnehmen kann, ist die Entscheidung darüber, zu welchem Reinigungsverfahren man sich entschließen soll, nicht immer leicht, da bei verschiedenen Ablaufölen nicht etwa die oben erwähnte vollständige Aufarbeitungsbehandlung in Frage kommt. Für viele Zwecke werden noch einfache Filter genügen, besonders wenn sie heizbar eingerichtet sind. Sie sind teilweise noch beliebt, weil keine bewegten Teile vorhanden sind. Andererseits ist aber die Bedienung, wenn gute Resultate erzielt werden sollen, infolge der häufigen Auswechslung des Filtermaterials ziemlich umständlich. In den letzten Jahren sind große Fortschritte im Bau von Schleudern oder Zentrifugen gemacht worden, so daß vor allen Dingen auch kleine und fast kolloide Teilchen aus dem Öl entfernt werden können. Auch Emulsionen, die zu 50% aus Wasser bestehen, und sehr haltbar erscheinen, sind mit modernen Zentrifugen ohne weiteres in Wasser und reines Öl zu trennen. Sehr zweckmäßig sind kombinierte Anlagen zur Vorwärmung mit anschließender Schleuderung des Öles sowie zur Schleuderung mit nachfolgender Trocknung. Die Entfernung des kolloiden Kohlenstoffes ist allerdings mit Schleuderung allein nicht möglich, und es muß immer eine Vorbehandlung bei Kraftwagenölen mit Schwefelsäure oder anderen geeigneten Reagenzien erfolgen. Auch hierfür gibt es sehr gute kombinierte Anlagen.

Ein sehr zweckmäßiges Verfahren ist in vielen Fällen auch die Einschaltung kleiner billiger Zentrifugen in den Ölkreislauf größerer Maschinen (Abb. 8, S. 60). Man hat in diesem Falle niemals mit übermäßig verschmutztem Öl zu tun, sondern reinigt das Öl bereits, wenn die Anfänge der Verschmutzung sich zeigen. Meist wird die Anlage so eingerichtet, daß man nicht den Hauptölstrom durch die Zentrifuge leitet, sondern einen Teil des Ölumlaufes abzweigt, und die Zentrifuge in den Nebenschluß legt. Hierbei muß noch darauf geachtet werden, daß das Öl der tiefsten Stelle des Ölbehälters entnommen und das gereinigte Öl zu einem möglichst weit von dieser Stelle gelegenen Teil des Ölbehälters zugeführt wird. Diese Anordnung gibt die Gewähr, daß der Schleuder die größtmögliche Menge Schmutz und Wasser zugeführt und aus dem Schmiersystem entfernt wird. Der Wiedereintritt des gereinigten Öles sollte ferner in der Nähe des Saugstutzens der Schmierpumpe liegen, damit der Maschine das reinste Öl im System zugeführt wird. Mit solchen Anordnungen sind ganz vorzügliche Erfolge in der besseren Erhaltung der Maschinen und der Verminderung des Ölverbrauches erzielt worden.

Sachverzeichnis.

Abdampfentölung 166.
Ablauföl behandlung 165.
Abnutzung, Kraftfahrzeuge 138.
— Walzwerke 90.
Abnutzungsgeschwindigkeit 33.
Abnutzungszahlen 102.
Achsiallager, Wasserturbine 64.
Alterung von Ölen 103.
Analysendaten 1.
Anorganische Schmiermittel 123.
Asphaltgehalt 6.
Autoöl 25.

Bearbeitung von Gleitflächen 32.
Beständigkeit von Ölen 17, 103.
Braunkohlenbetriebe 86.

Carobronze als Lagermetall 31.

Dampfpflüge 75.
Dampfturbinenöl 24, 57.
Dauerfette 29.

Edeleanu-Öle 2.
Eindruckschmierung 159.
Einstellung von Schmierapparaten 42.
Emulsionsschmierung 128.
Engler-Zähigkeit 10.

Feinmechaniköl 26.
Fettgehalt von Ölen 5.
Fettschmierung 19.
Flammpunkt 2.
Flüssigkeitsgetriebe 119.
Flüssigkeitsreibung 14.

Getreidemühlen 109.
Gleitgeschwindigkeit 30.
Graphit 18, 56, 142.
Graphitfette 29.

Hackmaschinen (Zellstoffabriken) 112.

Heißdampfzylinderöl 25.
Heißlagerfette 28.
Herkunft von Ölen 9.
Herstellung und Bewertung 8.
Hochdruckdampf 41.
Holzschleifer 111.
Hubtaktschmierung 50.

Kalander 91, 114, 153.
Kältemaschinenöl 25.
Kolbenringe, Härte 34.
Kraftfahrzeuge 134.

Lagertemperatur 30.

Maschinenfette 27.
Maschinenöl 24, 25, 26.
Material der Gleitflächen 30.
Motorpflüge 76.
Mühlen, Rohr- 83.
— Kugel- 83.

Obenschmierung 140.
Ölaufbereitung 171.
Ölbilder 37.
Ölverbrauch, Dampfmaschine 36.
— Kraftfahrzeuge 137.
— Verbrennungsmotor 50.

Papiermaschinen 113.

Rückschlagventile 35.
Rückstandsbildung, Dampfmaschine 39.
— Kraftfahrzeuge 137.
— Verbrennungsmotoren 52.

Sägegatter 117, 150.
Sattdampfzylinderöl 25.
Säuregehalt 7.
Säurezahl, Veränderung 7.
Schleifspindeln 120.
Schlüpfrigkeit von Ölen 15.
Schmierapparate 161.

Sachverzeichnis.

Schmierfähigkeit 13.
Schmierfette 19, 21.
— Bewertung 22.
Schmierungsstörung, Dampfmaschine 42.
— Dampfturbine 62.
— Verbrennungsmotor 51.
Schmiervorrichtung 32.
Schmiervorrichtungen, neuere 156.
Segmentlager 64.
Spezifisches Gewicht 1.
Spindelöl 26.
Stockpunkt 4.
Synthetisches Öl 123.

Teerzahl 8.
Textilmaschinen, Kraftverbrauch 94.
— Kugellager 97.
Transformatorenöle 169.
Transmissionen 69.
Transmissionslager, heiße 69.
Triebwerk, Dampfmaschine 47.
— Verbrennungsmotor 54.

Umlaufschmierung, Fehler 87, 145.
Untersuchung von Schmierölen 1.
Untertagebetrieb 84.

Verbrennungsmotorenzylinderöl 25.
Verdichter, Hochdruck- 72.
Verdichterexplosion 74.
Verdichteröl 25.
Verseifungszahl 7.
Voltolöle 5, 13, 141.

Wälzlager 21.
Walzwerke 89, 91.
Wassergehalt von Ölen 8.

Zähigkeitsauswahl 13.
Zähigkeit von Ölen 10.
— Temperaturabhängigkeit 12.
Zementwerke 81.
Zentralfettpressen 8.
Ziegeleien 81.
Zuckerindustrie, Schmierungsstörungen 106.
Zylinderschmierung, Dampf- 32.
— Verbrennungsmotor 48.

Steinitz, Maschinenschmierung.

MIX
Papier aus verantwortungsvollen Quellen
Paper from responsible sources
FSC® C105338

If you have any concerns about our products,
you can contact us on
ProductSafety@springernature.com
In case Publisher is established outside the EU,
the EU authorized representative is:
**Springer Nature Customer Service Center GmbH
Europaplatz 3, 69115 Heidelberg, Germany**

Printed by Libri Plureos GmbH
in Hamburg, Germany